"十四五"时期国家重点出版物出版专项规划项目

先进制造理论研究与工程技术系列

采煤机

LOAD AND OPTIMIZATION
DESIGN OF SHEARER

载荷与优化设计

任春平　刘春生　徐　鹏　著

哈尔滨工业大学出版社
HARBIN INSTITUTE OF TECHNOLOGY PRESS

内 容 简 介

本书主要研究了采煤机载荷与优化设计,介绍了采煤机发展历史、煤岩体的物理机械性能、煤岩截割理论和优化设计方法;研究了滚筒载荷的传统算法、滚筒倾斜布置截齿载荷计算方法、截割链载荷数值模拟、滚筒载荷数值模拟、截齿载荷与滚筒载荷转换关联模型、滚筒实验——理论截割阻力模型;针对截割载荷谱的统计与时频谱特征,确定了截齿的三向载荷谱的统计特征、三向载荷谱的频谱特征、侧向载荷的时频谱特征;介绍了典型优化设计方法,主要包括单目标模糊优化方法、多目标模糊优化方法;研究了采煤机滚筒的优化设计,确定了滚筒性能指标及其数学模型的建立、采用的相应优化方法;研究了采煤机调高与截割轨迹优化设计,给出了滚筒受力分析,研究了滚筒调高机构优化设计、2K−H 型行星齿轮机构优化设计和采煤机摇臂截面优化设计方法;研究了采煤机牵引机构优化设计,给出了销轮齿轨式牵引机构的传动原理及其优化模型的建立、优化方法与计算实例。

本书对从事采煤机结构设计的研究人员和相关工程技术人员有一定的实际应用价值和参考意义,同时也可以作为高等院校相关专业研究生的教学参考书。

图书在版编目(CIP)数据

采煤机载荷与优化设计/任春平,刘春生,徐鹏著
. —哈尔滨:哈尔滨工业大学出版社,2022.12
(先进制造理论研究与工程技术系列)
ISBN 978 − 7 − 5767 − 0492 − 1

Ⅰ.①采… Ⅱ.①任… ②刘… ③徐… Ⅲ.①采煤机
−载荷分析 ②采煤机−最优设计 Ⅳ.①TD421.6

中国版本图书馆 CIP 数据核字(2022)第 245465 号

策划编辑　　张　荣
责任编辑　　谢晓彤
出版发行　　哈尔滨工业大学出版社
社　　　址　　哈尔滨市南岗区复华四道街 10 号　邮编 150006
传　　　真　　0451−86414749
网　　　址　　http://hitpress.hit.edu.cn
印　　　刷　　哈尔滨圣铂印刷有限公司
开　　　本　　787 mm×1 092 mm　1/16　印张 11.75　字数 279 千字
版　　　次　　2022 年 12 月第 1 版　2022 年 12 月第 1 次印刷
书　　　号　　ISBN 978 − 7 − 5767 − 0492 − 1
定　　　价　　58.00 元

前　　言

滚筒式采煤机是集约化矿井中关键的大型设备之一,是安全、高效综合机械化采煤的核心设备,其高可靠性、高效的性能是实现井下工作面集约化、信息化和智能化开采的重要基础保证。因此,确定不同工况下采煤机载荷与优化设计方法是研制高可靠、高性能、高寿命采掘机械装备的国家能源战略发展重大需求。

本书主要研究了采煤机载荷与优化设计,介绍了采煤机发展历史、煤岩体的物理机械性能、煤岩截割理论和优化设计方法;研究了滚筒载荷的传统算法、滚筒倾斜布置截齿载荷计算方法、截割链载荷数值模拟、滚筒载荷数值模拟、截齿载荷与滚筒载荷转换关联模型、滚筒实验——理论截割阻力模型;针对截割载荷谱的统计与时频谱特征,确定了截齿的三向载荷谱的统计特征、三向载荷谱的频谱特征、侧向载荷的时频谱特征;介绍了典型优化设计方法,常用的智能优化算法;研究了采煤机滚筒的优化设计,螺旋滚筒设计的基本要求及基本参数关系;研究了采煤机调高与截割轨迹优化设计,给出了滚筒调高机构优化设计及单刀示范截割轨迹优化设计;研究了采煤机牵引机构优化设计,给出了牵引机构的驱动方式及其优化模型的建立、优化方法选择与实现。

本书的研究工作获得了国家自然科学基金项目"截—楔组合破碎硬岩的机制及其载荷谱重构"(51674106)和"采煤机滚筒高效截割的动力学性能与评价的研究"(51274091)的资助,在此表示感谢。

由于作者学识和研究水平有限,书中难免有疏漏之处,敬请读者批评指正。

作　者

2022 年 11 月

目　　录

第1章 概　述

1.1　采煤机概述

采煤机属于行走作业机械,实现电牵引行走是其重大的技术变革。采煤机最早实现的自动控制是牵引调速,其发展过程经历了从恒功率调速到恒转矩调速,再到目前的自适应调速。当今,煤矿建设智能化采煤工作面对采煤机牵引技术提出了更高的自适应控制要求,同时有更苛刻的可靠性要求。电牵引是利用电动机自驱动行走的一种采煤机牵引方式,已成为当今大功率采煤机的主流牵引方式,为实现采煤机自适应调速、恒功率截割等智能化控制提供了技术条件。电牵引采煤机的调速方式目前是交流变频调速占绝对主导地位,具有调速范围大、效率高、可实现四象限运行、易实现过程控制等优点,并且双电机牵引对过载冲击能够实现快速保护。图1.1所示为采煤机三维数字样机。

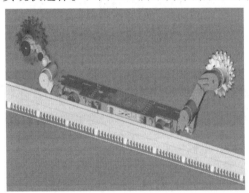

图 1.1　采煤机三维数字样机

1.2　煤岩截割理论

采掘机械大都利用截齿破碎煤岩,截齿破煤是煤炭开采环节中最重要和最基本的过程,截齿破煤机理、工作机构运动学和动力学等问题的研究能为滚筒式采煤机的设计提供可靠的理论依据。因此,评价和模拟被破碎介质,揭示截齿破煤的规律和机理,确定截齿的几何参数和安装姿态,提高工作机构的使用寿命和可靠性,一直是采煤机领域内长期研究的问题。

1.2.1　镐型截齿基本力学模型

I. Evans认为镐型截齿在截割过程中,齿尖垂直压入表面平整的煤岩,在外力作用下穿过煤岩,产生一系列破碎轨迹。过截齿轴线作截割煤岩时的纵向剖切面,如图1.2所示,这时在煤岩中会产生沿锥形齿尖半径方向的压应力和沿切向方向的张应力。当截齿对煤岩间的压应力和张应力达到并超过煤岩的抗压强度时,会在锥形齿尖与煤岩的接触表面形成裂隙,如果条件适合,这种裂隙一直会延伸到煤岩的自由表面上。依据假设条件可知,截齿齿尖圆孔边缘上的崩落压应力 q 大小相同,假设裂隙断裂面与煤岩自由表面的法平面夹角为 ϕ,煤岩发生弹性变形后,在外力作用下,近似 V 形的煤岩被剥落下来。

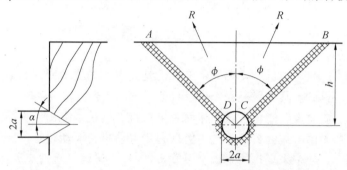

图 1.2　I. Evans 的镐型截齿单齿平面截割破煤模型

　　模型中,锥形齿尖所形成的煤岩截面呈对称状,根据煤岩的崩落特点,取截槽对称面的一半作为研究对象进行受力分析,其在崩落前极限受力平衡状态,即破碎煤岩的应力分析如图 1.3 所示。由图可知,作用在 V 形崩落煤岩上的力有如下四种。

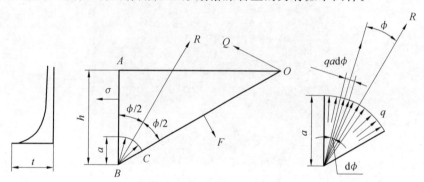

图 1.3　破碎煤岩的应力分析

　　(1) 作用在裂隙 OC 面上的拉力 F。

　　实际截割中,截齿齿间在煤岩上的圆孔半径 a 远小于截深 h。因此,作用在裂隙 OC 面上的拉力可近似表示为

$$F = \frac{th}{\cos \phi} \qquad (1.1)$$

式中　　t——煤岩的张应力,N/m²;

　　　　h——截齿的截割深度,m;

　　　　ϕ——煤岩崩落角,(°)。

　　(2) 沿半径方向的爆破力 R。

　　截齿对煤岩沿半径方向的爆破力 R 是在齿间圆孔上压应力 q 所产生的合力,作用方向为与截槽对称线和裂缝夹角成 $\frac{\phi}{2}$ 处。由微分学可知,在圆孔边界上取微元弧 $a\mathrm{d}\phi$,压应

力 q 在合力方向的投影为 $q\cos\phi$，则作用在单元微元弧的压力为 $\mathrm{d}R=qa\,\mathrm{d}\phi\cos\phi$。由此可求出压力 R，即

$$R=\int\mathrm{d}R=\int_{-\frac{\phi}{2}}^{\frac{\phi}{2}}qa\cos\phi\,\mathrm{d}\phi=2qa\sin\frac{\phi}{2} \tag{1.2}$$

式中　　a—— 截齿齿尖在煤岩上的圆孔半径，m。

（3）作用在截槽对称面上的拉力 P。

研究表明，以简单的形式表示准确的拉力是不可能的。按照断裂面裂隙优先扩展的观点，在圆孔的表面上，张应力不能超过 t 值，否则当应力达到这个值后，初始的张应力裂隙就会扩展。根据莱姆无限介质的弹性应力理论和圆孔面上各点张应力相等假设，则此拉力沿半径方向的近似值可由弹性应力方程求出，即

$$\sigma=t\frac{a^2}{r^2} \tag{1.3}$$

式中　　r—— 所研究点的半径，m。

由式（1.3）可得作用在截槽对称面上的拉力 P 为

$$P=\int_a^h\sigma(h-r)\mathrm{d}r=\int_a^h t\frac{a^2}{r^2}(h-r)\mathrm{d}r=ta^2\int_a^h\frac{h-r}{r^2}\mathrm{d}r \tag{1.4}$$

（4）O 点及 O 点附近的反力 Q。

该力是由未破碎的煤岩所产生的反作用力，作用在 O 点或 O 点附近。

在上述四个力的作用下，图 1.3 所示部分的煤岩处于极限受力平衡状态，因此，煤岩上任意一点的合力矩为零。为获得 q、R 的计算表达式，消除未知力 Q，被分离煤岩所受力对反力 Q 的作用点 O 取矩，即

$$R\frac{h}{\cos\phi}\sin\frac{\phi}{2}+ta^2\int_a^h\frac{h-r}{r^2}\mathrm{d}r=t\frac{h}{\cos\phi}\frac{1}{2}\frac{h}{\cos\phi} \tag{1.5}$$

因 a 与 h 相比较小，$\dfrac{h}{a}$ 值较大，由此可得积分项为

$$ta^2\int_a^h\frac{h-r}{r^2}\mathrm{d}r=ta^2\left(\frac{h-a}{a}-\ln\frac{h}{a}\right)\approx ta^2\left(\frac{h}{a}-\ln\frac{h}{a}\right)\approx tah$$

因此，式（1.5）变为

$$2qah\frac{\sin^2\frac{\phi}{2}}{\cos\phi}=th\left(2\frac{h}{\cos^2\phi}-a\right)\approx\frac{th^2}{2\cos^2\phi}$$

经整理得

$$q=\frac{t}{4}\frac{h}{a}\frac{1}{\cos\phi\sin^2\frac{\phi}{2}} \tag{1.6}$$

式中　　$\dfrac{h}{a}$—— 一个无量纲的量，是煤岩断裂时弹性应变作用的结果，分析时可假定其为常量。

将煤岩发生断裂时的 ϕ 角代入式（1.6），这时由 q 产生的径向位移所消耗的能量最少。这个能量是产生压力和发生位移时所需要的能量，即能量是压力和位移的乘积。由

弹性理论可知，位移与压力成正比，断裂的能量与 q^2 成正比，当 $\dfrac{\mathrm{d}q^2}{\mathrm{d}\phi}=2q\dfrac{\mathrm{d}q}{\mathrm{d}\phi}=0$ 时，因为 $q\neq0$，因此 $\dfrac{\mathrm{d}q}{\mathrm{d}\phi}=0$ 时有最小值。

因此，由式（1.6）可得 $\dfrac{\mathrm{d}q}{\mathrm{d}\phi}=0$，即 $\cos\phi\sin\dfrac{\phi}{2}\cos\dfrac{\phi}{2}-\sin\phi\sin^2\dfrac{\phi}{2}=0$ 时，q^2 值最小。经三角变换得

$$\sin\frac{\phi}{2}\left(\cos\frac{\phi}{2}\cos\phi-\sin\frac{\phi}{2}\sin\phi\right)=\sin\frac{\phi}{2}\cos\frac{3\phi}{2}=0$$

由于 $0°<\phi<90°$，$\sin\dfrac{\phi}{2}\neq0$，因此有

$$\cos\frac{3\phi}{2}=0 \tag{1.7}$$

$$\phi=60°$$

利用求得的 ϕ 角值，能方便地计算出 q 和 R，即

$$q=\frac{t}{4}\frac{h}{a}\frac{1}{\frac{1}{2}\left(\frac{1}{2}\right)^2}=\frac{2th}{a} \tag{1.8}$$

$$R=2qa\sin30°=2th \tag{1.9}$$

1.2.2 不同楔入角的截割阻力模型

镐型截齿平面截割的基本力学模型可从图 1.4 中推导，图示为单个镐型截齿的轴向剖面示意图。截齿受力分析中，将齿尖看成一个圆锥，并假定圆锥表面各部分所受应力均达到 $\dfrac{2th}{a}$ 时，才能使煤岩发生横向断裂。

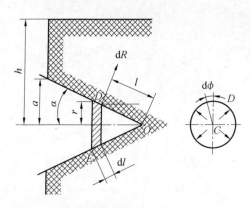

图 1.4　截割阻力计算简图

在齿尖任意处取一截面 DE 为研究对象，则其表面上的微元面积为 $\mathrm{d}A=r\mathrm{d}\phi\mathrm{d}l$，$r$ 为截圆半径 CD，$\mathrm{d}\phi$ 为微元弧所对应的夹角，$\mathrm{d}l$ 为截圆的厚度微元，式（1.8）得力的基本微元表达式为

$$\mathrm{d}R=\frac{q}{\cos\alpha}\mathrm{d}A=2t\frac{h}{\cos\alpha}\frac{1}{r}r\mathrm{d}\phi\mathrm{d}l=2t\frac{h}{\cos\alpha}\mathrm{d}\phi\mathrm{d}l$$

水平分力 dZ 为

$$dZ = dR\sin\alpha = 2t\frac{h}{\cos\alpha}d\phi dr$$

式中　　α——截齿齿尖半角；

　　　　r——截圆半径 CD，$r = l\sin\alpha$，$dr = \sin\alpha dl$。

　　由微分原理可求出作用在圆锥形表面总的水平压力 Z 为

$$Z = \int dZ = 2t\frac{h}{\cos\alpha}\int_0^{2\pi}d\phi\int_0^a dr = \frac{4\pi ath}{\cos\alpha} \tag{1.10}$$

Z 必须克服圆锥形表面附近煤岩的抗压强度，即

$$a = \sqrt{\frac{Z}{\pi\sigma_y}} \tag{1.11}$$

式中　　σ_y——煤岩的抗压强度，MPa。

　　消除 a 得齿尖上的基本截割阻力为

$$Z = \frac{16\pi t^2 h^2}{\cos^2\alpha\sigma_y} \tag{1.12}$$

1. 截齿楔入煤岩的姿态

　　以一定姿态安装在滚筒上的镐型截齿，工作过程中消耗很大的能量冲击煤岩表面，使煤岩破碎。如图 1.5 所示，冲击破煤时有四种接触姿态。其中图 1.5(a) 为截齿垂直楔入煤岩的情况，此时同 I. Evans 的分析，作用于截齿锥体表面的压应力大小相等。而实际工况条件下，截齿轴线与楔入速度并非在一条直线上，而是成一定角度 β，即截齿楔入煤岩的角度；图 1.5(b) 为楔入角小于截齿半锥角的情况；图 1.5(c) 为楔入角等于截齿半锥角的情况；图 1.5(d) 为楔入角大于截齿半锥角，且二者之和小于 90° 的情况。截齿以不同的姿态楔入煤岩，破碎的形状、接触区中应力场的分布特征及磨损情况也不同。

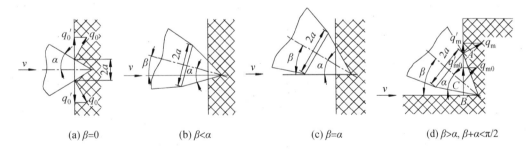

(a) $\beta=0$　　　　(b) $\beta<\alpha$　　　　(c) $\beta=\alpha$　　　　(d) $\beta>\alpha$，$\beta+\alpha<\pi/2$

图 1.5　截齿与煤岩的四种接触姿态

2. 应力形式及其分布规律

　　图 1.6 为截齿以不同角度与煤岩的四种接触状态时对应的应力分布。图 1.6(a) 为 $\beta=0$ 时，即理想状态下的应力分布，形状是以截齿轴线为圆心的圆环。此时，截齿受力均匀，能自动磨锐。而实际工况下，截齿楔入煤岩的角度 $\beta\ne0$。当 $\beta<\alpha$ 时，如图 1.6(b) 所示，压应力在齿尖锥体表面呈椭圆形分布，A 点附近的煤岩崩落概率较小，截齿的牵引力和截割阻力较大。当 $\beta=\alpha$ 时，如图 1.6(c) 所示，齿尖表面的压应力分布呈偏心椭圆形，A 点处的压应力为零，呈临界椭圆状态。当 $\beta>\alpha$ 时，且 $\beta+\alpha<\pi/2$ 时，如图 1.6(d) 所示，齿

尖表面的压应力呈月牙形分布。

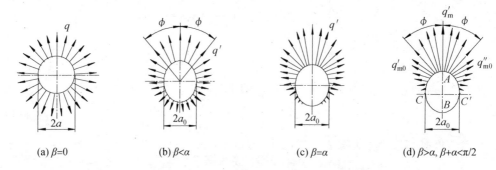

(a) $\beta=0$ (b) $\beta<\alpha$ (c) $\beta=\alpha$ (d) $\beta>\alpha,\ \beta+\alpha<\pi/2$

图 1.6 　截齿与煤岩四种接触时的应力分布

无论是哪种楔入形式,假设截齿应力圆上的应力呈线性分布,根据煤岩的力学性能可知,齿尖挤压煤岩的压应力与截圆的径向变形成正比,图 1.6(b)、(c)、(d) 中的应力可按下面方法求得。

(1) 图 1.6(b)、(c) 中的应力 q。

当截齿沿 v_j 方向有一定位移 x 时,截齿在 A、B、C 点处的径向位移为

$$y_A=x\tan(\beta_0+\alpha),\quad y_B=x\tan(\beta_0-\alpha),\quad y_C=x\tan\alpha \tag{1.13}$$

设应力 q 与径向位移 y 近似为线性关系:

$$\frac{q_A}{q_B}=\frac{y_A}{y_B},\quad \frac{q_A}{q_C}=\frac{y_A}{y_C}$$

式中　q_A——在 A 点处的应力。

模型 Ⅰ:

$$q=K\phi+C \tag{1.14}$$

式中　C——常应力。

当 $\phi=0$ 时,$q=q_A$;当 $\phi=90°$ 时,$q=q_C$,由此可得

$$C=q_A,\quad K=q_C-q_A$$

当 $\beta_0=0$ 时,煤岩截面径向变形 $y=x\tan\alpha$,应力为 q_0。当 $\beta_0\neq0$ 时,煤岩截面径向变形 $y_A=x\tan\alpha$,其应力为 q_A,因此有

$$\frac{q_A}{q_C}=\frac{\tan\alpha}{\tan(\beta_0+\alpha)}$$

整理得

$$q_A=\frac{\tan\alpha}{\tan(\beta_0+\alpha)}q_0$$

将 C 和 K 代入式(1.14),得

$$q=q_0\frac{\tan(\beta_0+\alpha)}{\tan\alpha}\left\{1-\left[1-\frac{\tan\alpha}{\tan(\beta_0+\alpha)}\right]\frac{\phi}{90°}\right\} \tag{1.15}$$

模型 Ⅱ:

当 $\phi=0$ 时,$q=q_A$;当 $\phi=180°$ 时,$q=q_B$,由此可得

$$C=q_A,\quad K=\frac{q_B-q_A}{180°}$$

将 C 和 K 代入式(1.14)，得

$$q = q_0 \left\{ 1 - \left[1 - \frac{\tan(\beta_0 - \alpha)}{\tan(\beta_0 + \alpha)} \right] \frac{\phi}{180°} \right\} \tag{1.16}$$

(2) 图 1.6(d) 中的应力 q。

图中 $q_B = q_C = 0$，$q_A = q_m$（q_m 为等效应力），由式(1.14)可知，当 $\phi = 0$ 时，$q = q_m$；当 $\phi = 90°$ 时，$q = 0$，由此可得

$$C = q_m, \quad K = -\frac{q_m}{90°} \tag{1.17}$$

同理，

$$\frac{q_{\beta=0}}{q_{\beta \neq 0}} = \frac{q_0}{q_m} = \frac{\tan \alpha}{\tan(\beta_0 + \alpha)}$$

则

$$q_m = \frac{\tan(\beta_0 + \alpha)}{\tan \alpha} \tag{1.18}$$

整理后得

$$q = q_0 \frac{\tan(\beta_0 + \alpha)}{\tan \alpha} \left(1 - \frac{\phi}{90°} \right) \tag{1.19}$$

3. 截齿等效直径

由于截齿倾斜进入煤岩，因此平行于煤岩表面的齿尖截面为椭圆形，为分析方便，可用等效圆代替。由图 1.5(b) 所示的几何关系可得等效截圆半径为

$$a_0 = \frac{a_1 + a_2}{2}$$

式中　　a_1——椭圆的半长轴，$a_1 = \dfrac{a}{\cos \beta_0}$；

　　　　a_2——椭圆的半长轴，$a_2 = a(1 - \tan \beta_0 \tan \alpha)$，当 β_0 较小时，$a_2 \approx a$；

　　　　a——圆锥齿尖截面半径。

由此可得

$$a_0 = \frac{a[\cos \alpha + \cos(\alpha + \beta_0)]}{2 \cos \alpha \cos \beta_0} \tag{1.20}$$

1.2.3　非对称截槽的截齿力学模型

非对称截槽崩落的条件为应力应同时达到截槽两侧的 AD 和 BC 崩落线，在图 1.2 所示的破落煤岩的力学模型中，以截齿轴线作为受力分离体。镐型截齿非对称截割力学模型如图 1.7 所示，分别研究极限受力状态下左、右分离煤岩，对 A、B 两点取力矩，V 形分离体受力的力矩平衡方程为

$$R_1 \frac{h_1}{\cos \phi_1} \sin \frac{\phi_1 - \beta}{2} + \int_a^{h_1} \sigma(h_{10} - r)\, dr = F_1 \frac{h_1}{2 \cos \phi_1} \tag{1.21}$$

$$R_2 \frac{h_2}{\cos \phi_2} \sin \frac{\phi_2 + \beta}{2} + \int_a^{h_2} \sigma(h_{20} - r)\, dr = F_2 \frac{h_2}{2 \cos \phi_2} \tag{1.22}$$

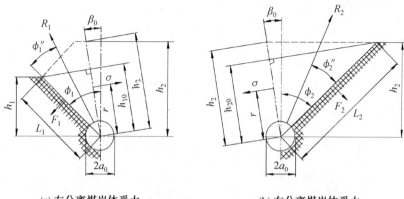

(a) 左分离煤岩体受力   (b) 右分离煤岩体受力

图 1.7 镐型截齿非对称截割力学模型

R_1、R_2 为沿半径方向的爆破力,其作用方向与截槽左、右两侧崩落线的夹角分别为 $\dfrac{\phi_1 - \beta}{2}$、$\dfrac{\phi_2 + \beta}{2}$,大小是作用在圆孔上压应力 q 所产生的在 R 方向上的投影代数和。其中,左、右部分的爆破力可表示为

$$\begin{cases} R_1 = \displaystyle\int_{-\frac{\phi_1 - \beta}{2}}^{\frac{\phi_1 - \beta}{2}} q_1 a \cos \alpha \, d\alpha = 2q_1 a \sin \dfrac{\phi_1 - \beta}{2} \\[4mm] R_2 = \displaystyle\int_{\frac{\phi_2 + \beta}{2}}^{\frac{\phi_2 + \beta}{2}} q_2 a \cos \alpha \, d\alpha = 2q_2 a \sin \dfrac{\phi_2 + \beta}{2} \end{cases} \tag{1.23}$$

式(1.23)中,各符号含义同上一小节。

F_1、F_2 为作用在 AD、BC 崩落面上的拉力,方向垂直于煤岩崩落线,其大小与崩落线长度上的煤岩的张应力 t 有关,大小可由下式近似得出:

$$F_1 = t\left(\frac{h_1}{\cos \phi_1} - a\right) = \frac{th_1}{\cos \phi_1}, \quad F_2 = t\left(\frac{h_2}{\cos \phi_2} - a\right) = \frac{th_2}{\cos \phi_2} \tag{1.24}$$

σ 为作用在左、右分界面上的拉应力,根据莱姆无限介质的弹性应力理论,断裂面优先延伸的观点,得其弹性应力方程为

$$\sigma = t\frac{a^2}{r^2}, \quad h_{10} = h_1 \frac{\cos(\phi_1 - \beta)}{\cos \phi_1}, \quad h_{20} = h_2 \frac{\cos(\phi_2 + \beta)}{\cos \phi_2}$$

综合以上各式,得到煤岩的力学模型为

$$2q_1 a h_1 \frac{\sin^2 \dfrac{\phi_1 - \beta}{2}}{\cos \phi_1} + ta^2 \left[\frac{h_1(h_2 - a)\cos(\phi_1 - \beta)}{ah_2 \cos \phi_1} - \ln \frac{h_2}{a}\right] = \frac{th_1^2}{2\cos^2 \phi_1} \tag{1.25}$$

$$2q_2 a h_2 \frac{\sin^2 \dfrac{\phi_2 + \beta}{2}}{\cos \phi_2} + ta^2 \left[\frac{(h_2 - a)\cos(\phi_2 + \beta)}{a\cos \phi_2} - \ln \frac{h_2}{a}\right] = \frac{th_2^2}{2\cos^2 \phi_2} \tag{1.26}$$

根据前面分析的结果,以及整体分析破落的煤岩,得到截割过程中的爆破合力,其大小为

$$R^2 = R_1^2 + R_2^2 + 2R_1 R_2 \cos \frac{\phi_1 + \phi_2}{2}$$

假设在圆孔周围的作用应力 $q = q_1 = q_2$,可得爆破合力为

$$R = 2qa \sin \frac{\phi_1 + \phi_2}{2} = \frac{th_2}{2} \frac{\sin \dfrac{\phi_1 + \phi_2}{2}}{\cos \phi_2 \sin^2 \dfrac{\phi_2 + \beta}{2}} \tag{1.27}$$

合力的方向为

$$\tan(90° + \beta) = \frac{\sum R_x}{\sum R_y} = \frac{-R_1 \sin \dfrac{\phi_1 + \beta}{2} + R_2 \sin \dfrac{\phi_2 - \beta}{2}}{-R_1 \cos \dfrac{\phi_1 + \beta}{2} + R_2 \sin \dfrac{\phi_2 - \beta}{2}} \tag{1.28}$$

整理得

$$\tan(90° + \phi) = \frac{\cos \phi_1 - \cos \phi_2}{\sin \phi_1 + \sin \phi_2} = \tan \frac{\phi_1 - \phi_2}{2}, \quad \phi = \frac{\phi_1 - \phi_2}{2} \tag{1.29}$$

1.2.4 镐型截齿截割阻力的等效公式

镐型截齿破煤的等效几何模型如图 1.8 所示,设截齿锥角为 2α,截齿楔入煤岩的角度为 β_0。单齿在煤岩表面进行平面截割,截割阻力 Z 按下式计算:

$$Z = Ah(0.3 + 0.35 \times 10^3 b_p) \tag{1.30}$$

式中 A—— 煤岩的截割阻抗,kN/m;

         h—— 截齿截割厚度,m;

         b_p—— 截齿计算宽度,m。

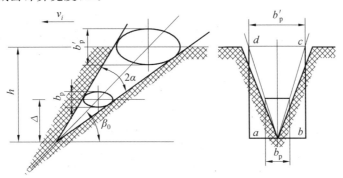

图 1.8 镐型截齿破煤的等效几何模型

式(1.30)中的 b_p 不能按煤岩表面与截齿锥体的截交线椭圆短轴 b_p' 来计算,因为若以 b_p' 代替 b_p,就相当于计算在 $abcd$ 这个矩形范围内的截割阻力,这显然是不合适的。由于煤的物理机械性能不同,因此截齿的安装角和锥角各不相同,当截齿截入煤岩 h 深度时,煤岩实际与截齿表面接触高度也不尽相同。煤是脆性介质,在截齿破煤过程中,煤块呈脆性崩落,煤岩与锥体表面的接触高度也随时变化。为计算方便,给出平均接触高度的概念,以 Δ 表示,单位为 m,有

$$\Delta = 0.45 \sqrt{h \times 10^3} \tag{1.31}$$

然后计算截齿的计算宽度 b_p 为

$$b_{\mathrm{p}} = \frac{2\Delta\sin\alpha}{\cos(\alpha+\beta_0)}\sqrt{\cos 2\alpha + \sin 2\alpha\cot(\beta_0-\alpha)} \tag{1.32}$$

当镐型截齿的齿体是标准的圆锥体或近似的圆锥体时,可以按式(1.30)计算截齿的计算宽度。若镐型截齿的齿体是图 1.9 所示的分段圆锥,则难以按式(1.30)计算。此时可取截齿柄直径 d 的一半为计算宽度,即有 $b_{\mathrm{p}} = 0.5d$。

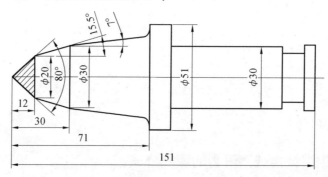

图 1.9　分段圆锥镐型截齿的几何尺寸

式(1.30)中的煤岩截割阻抗 A 是在采掘工作面或实验室测得的。若无法直接测得 A 值,则可以先在采掘工作面取下煤岩的样块,然后测得煤块的单轴抗压强度 $\sigma_{\mathrm{y}}(\mathrm{MPa})$,再按下面经验公式计算煤岩的截割阻抗:

$$A = (130 \sim 160)\left(\frac{\sigma_{\mathrm{y}}}{25} + \sqrt{\frac{\sigma_{\mathrm{y}}}{2.5}}\right) \tag{1.33}$$

煤样单轴抗压强度的测得不仅与煤样试块的尺寸有关,还与试块的完好程度有关,因此在采掘工作面截取煤样试块时,尽量采用大尺寸、结构完整的煤块,避免人为的裂纹,这样测得的抗压强度才能较接近真实值。

(1) 截割阻力 Z_0。

若计算采煤机螺旋滚筒上的截齿受力,则应考虑截齿的几何形状、矿山压力、煤的物理机械性质等影响因素,作用在截齿上的截割阻力 Z_0 为

$$Z_0 = K_y A \frac{0.3 + 0.35\times 10^3 b_{\mathrm{p}}}{(b_{\mathrm{p}} + ht\tan\phi)K_{\not f}} ht K_{\mathrm{m}} K_a K_{\mathrm{f}} K_{\mathrm{p}} \frac{1}{\cos\beta_0} \tag{1.34}$$

式中　　K_y——煤岩压张系数,可按下式计算:

$$K_y = K_{y0} + \frac{J - 0.1H}{J + H}$$

K_{y0}——煤壁表层压张系数,K_{y0} 一般取值为 $0.2 \sim 0.5$,脆性煤取小值,韧性煤取大值;

K_{m}——煤岩裸露系数,当 $t < t_{\mathrm{opt}}$ 时,$K_{\mathrm{m}} = \left[1 + 1.6\left(\frac{t}{t_{\mathrm{opt}}} - 1\right)^2\right]K_{\mathrm{mopt}}$,当 $t > t_{\mathrm{opt}}$

时,$K_{\mathrm{m}} = \left[1 + 0.21\times 10^3 h\left(\frac{t}{t_{\mathrm{opt}}} - 1\right)^2\right]K_{\mathrm{mopt}}$;

K_{mopt}——平均最大间距;

t_{opt}——最大间距;

K_α—— 截角影响系数；

K_f—— 截齿前刃面形状系数；

K_p—— 截齿配置系数，顺序式排列，$K_p=1$，棋盘式排列，$K_p=1.25$；

K_ϕ—— 崩落角影响系数，K_ϕ 一般取值为 $0.85\sim1.15$，对于韧性煤，$K_\phi=0.85$，对于脆性煤，$K_\phi=1.15$，介于两者之间的煤岩，$K_\phi=1$；

β_0—— 截齿楔入煤岩的角度。

（2）推进阻力 Y_0。

作用在镐型截齿上的推进阻力 Y_0 为

$$Y_0 = K_q Z_0 = (0.5 \sim 0.8) Z_0 \tag{1.35}$$

式中 K_q—— 作用在锋利截齿上的推进阻力（或称为牵引阻力）与截割阻力的比值，对采煤机来说，一般取值为 $0.5\sim0.8$，当煤岩的切削厚度大、脆性程度高时，取较小的值。

（3）侧向阻力 X_0。

截齿在截割过程中由于受截齿几何形状、排列形式以及被破碎煤岩的材质等影响，作用在截齿表面的力存在差值。对于镐型截齿，截齿的侧向阻力可以看作左、右对称面上的平均侧向阻力，它与截割过程、截齿的几何参数和切削方式有关。它可以表示为截割阻力、切削厚度和切削宽度的函数，即作用在镐型截齿侧面上的侧向阻力 X_0。

当截齿顺序式排列时，

$$X_0 = Z_0 \left(\frac{1.4 \times 10^3}{0.1h + 0.3 \times 10^3} + 0.15 \right) \frac{h}{t} \tag{1.36}$$

当截齿棋盘式排列时，

$$X_0 = Z_0 \left(\frac{1 \times 10^3}{0.1h + 2.2 \times 10^3} + 0.1 \right) \frac{h}{t} \tag{1.37}$$

对于磨钝截齿，截割阻力和推进阻力分别为

$$Z = Z_0 + 100 f' K_y' \sigma_y S_d \times 10^6 \tag{1.38}$$

$$Y = Y_0 + 100 K_y' \sigma_y S_d \times 10^6 \tag{1.39}$$

式中 f'—— 截齿截割运动时的阻力系数，f' 一般取值为 $0.38\sim0.42$（切削厚度大时，取较大值）；

σ_y—— 煤的单轴抗压强度，MPa；

S_d—— 截齿磨损面积，按截齿磨损表面在截割平面的投影面积计算，镐型截齿取 $(15\sim20)\times10^5$ m^2；

K_y'—— 平均接触应力对单向抗压强度的比值，K_y' 一般取值为 $0.8\sim1.5$（煤的脆性程度高时，取较大值）。

由此可见，这种镐型截齿截割阻力的近似计算公式，不仅与煤岩的物理性质（截割阻抗、压张状况、脆塑性等）有关，还与截齿几何参数（截角、角当量刃角、安装角度）及截割参数（切削厚度、截线距、截割方式、配式）有关。由于计算时涉及的参数较多，计算复杂，参数的选择对计算结果影响较大，因此，需要在大量的实验数据基础上才能获得较可靠的计算结果。实际上这些实验数据又难以大量获得，所以这种方法常被用来对截齿进行定性分析,所需的相对参数较少,计算简便,对采煤机工作机构设计起着重要的指导意义。

1.3 优化设计概述

优化设计是用数学规划法,在满足工程技术实际设计的前提下,从大量可行的方案中寻求最佳设计方案。为此,首先要建立实际问题的数学模型,选用适当的优化方法,编写和调试程序,最后用计算机进行计算,求得最优解。解决优化设计问题的关键在于数学模型的建立,所建立的数学模型实质上是一组反映实际工程设计问题的数学表达式。因此,正确的数学模型既要能准确地表达设计问题,又要便于实际的数字计算和处理。优化的数学模型应当有足够的精确度并尽可能地简单,以保证优化结果的正确性并简化求解方法和求解过程,这是建立优化数学模型的共同准则。建立优化设计的数学模型,包括设计变量的选择、目标函数的建立和约束条件的确定三项内容。

1.3.1 设计变量的选择

一个优化问题中所包含的设计变量的数目常称为维数。设计变量越多,维数越高,设计自由度就越大,也就越易得到理想的优化设计方案。但是,设计变量越多,将使问题更加复杂化,给最优化带来更多的困难。因此,应尽量减少设计变量数,对影响设计指标的所有参数进行分析、比较,尽可能按照成熟的经验将一些参数定为设计常量,而只将那些对目标函数确有显著影响且能直接控制的独立设计参数作为设计变量。例如,对于应力、应变、压力、挠度、功率、温度等一些具有一定函数关系式的因变量,当它们在数学上易于消去时,一般不定为设计变量;当不能消去时,则可作为设计变量。

1.3.2 目标函数的建立

目标函数是设计变量的函数,即

$$F(\boldsymbol{X}) = F(x_1, x_2, \cdots, x_n)$$

因而目标函数可以看作是比较和选择各种不同设计方案的指标。优化设计就是要寻求一个最优点 $\boldsymbol{X}^*$,要使目标函数值达到最优值 $F(\boldsymbol{X}^*)$,通常取最优值为目标函数的最小值 $\min F(\boldsymbol{X})$(或最大值),即

$$F(\boldsymbol{X}^*) = \min F(\boldsymbol{X})$$

这是因为目标函数的最大值问题可处理为其负值最小值问题。通常,设计所要追求的性能指标较多,显然应以其中最重要的指标作为设计追求的目标建立目标函数。

1.3.3 约束条件的确定

如前所述,优化设计不仅要使所选择方案的设计指标达到最佳值,同时还必须满足一些附加的设计条件,这些附加的设计条件都是对设计变量取值的限制,在优化设计中称为约束条件或设计约束。约束的形式可分为下述两大类。

(1)边界约束。

边界约束是用以限制某一设计变量的变化范围,或规定某组变量间的相对关系。

（2）性能约束。

性能约束是由结构的某种性能或设计要求推导出来的一种约束条件，是根据对机械的某项性能要求而构成的设计变量的函数方程。

1.3.4 优化方法

优化方法包括传统优化方法和现代优化方法，在一般机械工程优化设计中，常遇到的是约束优化问题。目前对约束优化问题的解法很多，归纳起来可分为两类：一类是直接方法，即直接用原来的目标函数限定在可行区城内进行搜索，且在搜索过程中一步一步地降低目标函数值，直到求出在可行区域内的一个最优解，直接方法有网络法、复合形法等传统优化方法；另一类是间接方法，即将约束优化问题通过变换转化为无约束优化问题，然后采用无约束优化方法得出最优解，间接方法有惩罚函数法、拉格朗日乘子法以及现代粒子群、神经网络等优化算法。

第2章 采煤机载荷计算方法

2.1 滚筒载荷的传统算法

采煤机螺旋滚筒的载荷与截齿瞬时切削厚度有着直接的关系,在模拟滚筒的载荷时,需要知道每个时刻所有参与截割煤壁的各截齿的瞬时切削厚度的大小,切削厚度将直接影响螺旋滚筒上的载荷。

2.1.1 切削厚度

截齿的切削厚度随时间的变化而变化,如图 2.1(a)、(b) 所示,分别为前、后滚筒截割条件,截割弧上第 i 个截齿的切削厚度 h_i 为

$$h_i = h_{max} \sin \varphi_i$$

式中　　φ_i —— 截割弧上第 i 个截齿的位置角,$\varphi_i = 0 \sim 180°$,(°)。

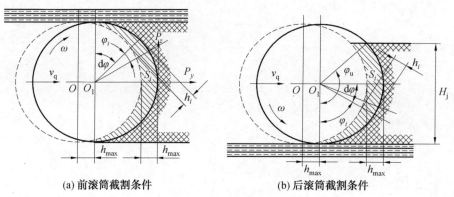

(a) 前滚筒截割条件　　　　　　　(b) 后滚筒截割条件

图 2.1　滚筒截齿切削厚度

由于煤岩具有非均质性和各向异性,以及坚硬夹矸等存在,切削厚度随滚筒转动而不断变化,因此 $\bar{Z}_i$ 和 σ_z 都是变化的,也间接反映出 $\bar{Z}_i$ 的变化。后滚筒月牙形截割面积为

$$S_1 = \int_0^{\varphi_u} h_i \, dl = \frac{D_c}{2} \int_0^{\varphi_u} h_{max} \sin \varphi \, d\varphi = \frac{1}{2} D_c h_{max} (1 - \cos \varphi_u) \tag{2.1}$$

式中　　D_c —— 螺旋滚筒的直径,m;

　　　　φ_u —— 煤岩对滚筒的包围角,(°);

　　　　dl —— 对应与 $d\varphi$ 的微元弧长,$dl = \frac{D_c}{2} d\varphi$,m。

当 $\varphi_u = \pi$ 时,由式(2.1)可得前滚筒月牙形截割面积为

$$S_1 = D_c h_{max}$$

又因截割弧长 $l = \dfrac{D_c \varphi_u}{2}$，令 $S_1 = \bar{h} l$，则平均切削厚度为

$$\bar{h} = \frac{S_1}{l} = \frac{1 - \cos \varphi_u}{\varphi_u} h_{\max} \tag{2.2}$$

对式(2.2)求极限，即有

$$\frac{\mathrm{d}\bar{h}}{\mathrm{d}\varphi_u} = \frac{\varphi_u \sin \varphi_u + \cos \varphi_u - 1}{\varphi_u^2} = 0 \tag{2.3}$$

由式(2.3)求得，当 $\varphi_u = 0.74\pi$ 或截煤高度 $H_j = \dfrac{D_c}{2}\left[1 + \sin\left(0.74\pi - \dfrac{\pi}{2}\right)\right] \approx 0.84 D_c$ 时，

后滚筒平均切削厚度达极大值：

$$\bar{h} = \frac{2.28}{\pi} h_{\max} \tag{2.4}$$

当 $\varphi_u = \pi$ 时，由式(2.2)得前滚筒平均切削厚度为

$$\bar{h} = \frac{2}{\pi} h_{\max}$$

在实际滚筒重复截割的情况下，截齿的实际切削厚度与截齿排列方式及截线距有关联，可根据切削图来确定滚筒叶片上和端盘上的截齿切削厚度、叶片截齿切削厚度 h_i' 和平均切削厚度 $\bar{h}_i'$。

顺序式截齿排列时，

$$\begin{cases} h_i' \approx \dfrac{h_m \sin(\varphi + i\Delta\varphi)}{m_y} \\[4mm] \bar{h}_i' \approx \dfrac{2h_m}{\pi m_y} \end{cases} \tag{2.5}$$

棋盘式排列时(一线一齿，且截线距 $s_0 > s$)，

$$\begin{cases} h_i' \approx \dfrac{h_m \sin(\varphi + i\Delta\varphi)}{m_y \dfrac{s_0}{s}} \\[6mm] \bar{h}_i' \approx \dfrac{2h_m}{\pi m_y \dfrac{s_0}{s}} \end{cases} \tag{2.6}$$

式中　　m_y——叶片每条截线上的截齿数；

s_0——同一叶片上的截齿截线距，m；

s——叶片相邻两截齿截线距，m；

h_m——滚筒每转最大进给量，$h_m = v_q/n$，m/r；

$\Delta\varphi$——相邻截齿周间夹角，(°)；

φ——截齿转动位置角，$\varphi = 0 - \Delta\varphi$，$\varphi = 2\pi t$，(°)。

端盘截齿切削厚度 h_j'' 和平均切削厚度 $\bar{h}_j''$ 有明显顺序式截齿排列特征时，

$$\begin{cases} h_j'' \approx \dfrac{h_m \sin(\varphi + \Delta\varphi)}{m_d} \\[4mm] \bar{h}_j'' = \dfrac{2h_m}{\pi m_d} \end{cases} \tag{2.7}$$

有明显棋盘式截齿排列特征时，

$$\begin{cases} h_i'' \approx h_{\mathrm{m}} \dfrac{\Delta \varphi}{2\pi} \sin(\varphi + j\Delta\varphi) \\ \overline{h_i''} = \dfrac{h_{\mathrm{m}} \Delta \varphi}{\pi^2} \end{cases} \tag{2.8}$$

式中　m_{d}——端盘每条截线上的截齿数。

2.1.2　滚筒载荷的确定

滚筒受力分析如图 2.2 所示，滚筒上的载荷还可按各截齿平均载荷在三个坐标方向上投影的代数和计算。螺旋滚筒的受力分析，是采煤机静态设计、动态分析的力学基础，是确定采煤机工作质量和效率的理论依据。

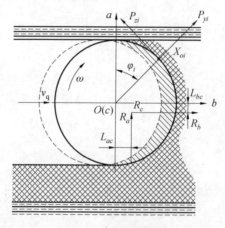

图 2.2　滚筒受力分析

图 2.2 中 X_{oi}、P_{yi}、P_{zi} 为滚筒上第 i 个截齿的侧向阻力、推进阻力和截割阻力，R_a、R_b、R_c 分别表示工作区域内同时参与截割的截齿沿 a、b、c 坐标轴方向的分力之和，即

$$\begin{cases} R_a = \displaystyle\sum_{i=1}^{N_i} (-P_{yi}\cos\varphi_i + P_{zi}\sin\varphi_i) \\ R_b = \displaystyle\sum_{i=1}^{N_i} (-P_{yi}\sin\varphi_i - P_{zi}\cos\varphi_i) \\ R_c = \displaystyle\sum_{i=1}^{N_i} X_{oi} \end{cases} \tag{2.9}$$

式中　N_i——参与截割的截齿数。

式(2.9)计算比较困难，实际应用中常采用数理统计分析法和直接计算法估算滚筒受力。

1. 数理统计分析法

对于确定的生产率和装机功率等诸多动力学问题，以上各式的计算可以简化，若已知工作截齿上的平均阻力，则螺旋滚筒上主要载荷分量的数学期望为

$$\begin{cases}
\overline{R}_a = -\overline{P}_{yi} \sum_{i=1}^{N_i} \cos \varphi_i + \overline{P}_{zi} \sum_{i=1}^{N_i} \sin \varphi_i \\[2mm]
\overline{R}_b = -\overline{P}_{yi} \sum_{i=1}^{N_i} \sin \varphi_i - \overline{P}_{zi} \sum_{i=1}^{N_i} \cos \varphi_i \\[2mm]
\overline{M}_c = \dfrac{D_c}{2} N_i \overline{P}_z
\end{cases}$$

式中　　$\overline{M}_c$——圆周负载阻力矩数学期望。

可见,同时参与截割的截齿数量 N_i 和位置 φ_i 直接影响采煤机螺旋滚筒各载荷分量的大小和特性。即使作用在截齿上的 $\overline{P}_z$ 和 $\overline{P}_y$ 稳定不变,由于同时参与截割的截齿数量和位置都在变化,故各载荷分量也随之发生变化。

分析螺旋滚筒的截齿配置图也能发现,截齿在螺旋滚筒上的分布是不均匀的,同时参与截割截齿的 $\sum_i \sin \varphi_i$ 和 $\sum_i \cos \varphi_i$ 是变化的,如图 2.3 所示,载荷分量的数学期望将以与之相同的频率变化。

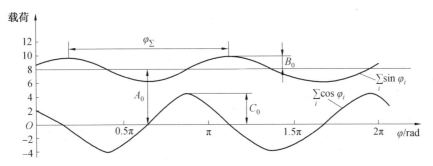

图 2.3　螺旋滚筒的 $\sum_i \sin \varphi_i$ 和 $\sum_i \cos \varphi_i$

设

$$\begin{cases}
\sum_{i=1}^{N_i} \sin \varphi_i = A_0 + B_0 \sin(\omega_f t + \Delta) \\[2mm]
\sum_{i=1}^{N_i} \cos \varphi_i = C_0 \cos(\omega_f t + \Delta)
\end{cases}$$

式中　　A_0——总和的平均值;

B_0、C_0——总和的幅值;

ω_f——载荷变化频率,$\omega_f = \dfrac{2\pi\omega}{\varphi_\Sigma}$,rad/s;

Δ——总和的相位角,rad;

ω——螺旋滚筒的螺旋角频率(角速度),rad/s;

φ_Σ——总和的周期角,rad。

则

$$
\begin{cases}
\overline{R}_a = \overline{P}_{z0} + \overline{P}_{z1} \sin(\omega_f + \Delta) - \overline{P}_{y2} \cos(\omega_f + \Delta) \\
\overline{R}_b = \overline{P}_{y0} + \overline{P}_{y1} \sin(\omega_f + \Delta) + \overline{P}_{z2} \cos(\omega_f + \Delta)
\end{cases}
\tag{2.10}
$$

由图 2.3 可见,总和的周期角 $\varphi_\Sigma \approx \pi$,载荷的变化频率 $\varphi_f \approx 2\omega$,也就是载荷频率为螺旋滚筒旋转角频率的两倍,实际应用中,通常取 $\varphi_f \approx (1 \sim 3)\omega$。

2. 直接计算法

由上述可知,$P_{zi} = Ah_i = Ah_{max} \sin \varphi_i = P_{zmax} \sin \varphi_i$,$P_{yi}$ 用 $P_{yi} = K_q P_{zi}$ 进行确定。由式(2.9)可得

$$
\begin{cases}
R_a = P_{zmax} \sum_{i=1}^{N_i} (\sin^2 \varphi_i - K_q \cdot \sin \varphi_i \cdot \cos \varphi_i) \\
R_b = P_{zmax} \sum_{i=1}^{N_i} (K_q \cdot \sin^2 \varphi_i + \sin \varphi_i \cdot \cos \varphi_i)
\end{cases}
$$

整理有

$$
\begin{cases}
R_a = P_{zmax} \sum_{i=1}^{N_i} (K_i' - K_q K_i'') = P_{zmax} \sum_{i=1}^{N_i} K_{ai} \\
R_b = P_{zmax} \sum_{i=1}^{N_i} (K_q K_i' + K_i'') = P_{zmax} \sum_{i=1}^{N_i} K_{bi}
\end{cases}
\tag{2.11}
$$

式中　　K_{ai}、K_{bi}—— 截齿垂直(a 轴方向)和水平(b 轴方向)载荷分量对最大截割阻力的比例系数,$K_{ai} = K_i' - K_q K_i''$,$K_{bi} = K_q K_i' + K_i''$;

　　　　K_i'、K_i''—— 比例系数,$K_i' = \sin^2 \varphi_i$,$K_i'' = \sin \varphi_i \cos \varphi_i$。

螺旋滚筒载荷的两个集中分量 R_a 和 R_b 作用点的确定:参与截煤的截齿沿坐标轴 a 和 b 的分力对螺旋滚筒轴线 c 取力矩,即令 R_a 和 R_b 作用点(L_{ac},L_{bc}),由式(2.10)和式(2.11)得,$M_{Ra} = R_a L_{ac}$,$M_{Rb} = R_b L_{bc}$,即

$$
\begin{cases}
\dfrac{D_c}{2} P_{zmax} \sum_{i=1}^{N_i} K_{ai} \sin \varphi_i = L_{ac} P_{zmax} \sum_{i=1}^{N_i} K_{ai} \\
\dfrac{D_c}{2} P_{zmax} \sum_{i=1}^{N_i} K_{bi} \cos \varphi_i = L_{bc} P_{zmax} \sum_{i=1}^{N_i} K_{bi}
\end{cases}
\tag{2.12}
$$

则有

$$
L_{ac} = \frac{D_c \sum_{i=1}^{N_i} K_{ai} \sin \varphi_i}{2 \sum_{i=1}^{N_i} K_{ai}}
$$

$$L_{bc} = \frac{D_c \displaystyle\sum_{i=1}^{N_i} K_{bi}\cos\varphi_i}{2\displaystyle\sum_{i=1}^{N_i} K_{bi}}$$

从式(2.12)可以看出,不仅载荷的大小是变化的,其作用点也随之变化。因此,截齿排列得好坏对采煤机及其螺旋滚筒的受力影响很大。

2.1.3　截齿三向载荷峰值的拟合模型

不同轴向倾斜角的侧向、轴向和径向实验载荷谱的实验和仿真均值见表2.1。由表2.1可知,侧向载荷与轴向倾斜角近似呈线性关系。

表 2.1　不同轴向倾斜角的侧向、轴向和径向实验载荷谱的实验和仿真均值

$\theta/(°)$	侧向载荷 /kN		轴向载荷 /kN		径向载荷 /kN	
	实验均值	仿真均值	实验均值	仿真均值	实验均值	仿真均值
0	0.24	0.00	2.03	2.04	0.81	0.66
5	1.82	0.32	2.37	2.24	0.87	0.70
10	2.73	0.38	2.51	2.33	1.62	0.74
15	3.65	0.68	2.89	2.40	3.13	0.77

1. 侧向载荷

截齿在截割过程中,截齿的侧向载荷可以看作是左右垂直于截齿轴线侧向载荷之差,截齿侧向载荷与煤岩截割阻抗、切削厚度线性相关。由实验数据计算得到侧向载荷,以此给出在实验条件下侧向载荷波峰拟合峰值与轴向倾斜角和切削厚度的关系模型:

$$X_s = \begin{cases} -\dfrac{Ah}{A_0\,h_0}\big[K_1\theta + K_2(\theta + \alpha + \Delta\alpha - \varphi)\big] & (\theta + \alpha + \Delta\alpha - \varphi > 0) \\[2mm] -K_1\theta\,\dfrac{Ah}{A_0\,h_0} & (\theta + \alpha + \Delta\alpha - \varphi \leqslant 0) \end{cases} \tag{2.13}$$

式中　A_0——实验煤岩截割阻抗,$A_0 = 200$ kN/m;

　　　h_0——实验最大切削厚度,$h_0 = 20$ mm;

　　　h——切削厚度,$h = h_0\sin 4.27t$ mm;

　　　K_1——轴向倾斜角系数;

　　　K_2——崩落角影响系数;

　　　$\alpha + \Delta\alpha$——截齿当量半锥角,$\alpha + \Delta\alpha = 0.951$ rad;

　　　φ——崩落角,在实验范围内取 $\varphi = \dfrac{(80-2h)\times\pi}{180°}$,rad。

变量(θ, h, F_x)的 n 组实验数据$(\theta_{i1}, h_{i1}, X_{si})(i=1,2,\cdots,n)$应满足

$$\begin{cases} X_{s1} = -\dfrac{A}{A_0}\dfrac{h_1}{h_0}[K_1\theta_1 + K_2(\theta_1 + \alpha + \Delta\alpha - \varphi)] + \varepsilon_1 \\[2mm] X_{s2} = -\dfrac{A}{A_0}\dfrac{h_2}{h_0}[K_1\theta_2 + K_2(\theta_2 + \alpha + \Delta\alpha - \varphi)] + \varepsilon_2 \\[2mm] \qquad\qquad\vdots \\[2mm] X_{sn} = -\dfrac{A}{A_0}\dfrac{h_n}{h_0}[K_1\theta_n + K_2(\theta_n + \alpha + \Delta\alpha - \varphi)] + \varepsilon_n \end{cases} \tag{2.14}$$

式中　　K_1、K_2——待估参数；

$\varepsilon_1,\varepsilon_2,\cdots,\varepsilon_n$——$n$ 个相互独立且服从同一正态分布 $N(0,\sigma^2)$ 的随机变量。

利用侧向载荷实验数据 $(\theta_i,h_i,X_{si})(i=1,2,\cdots,n)$ 估计参数 K_1、K_2，而估计参数 K_1、K_2 的原则是使 $\sum\limits_{i=1}^{n}\varepsilon_i^2$（误差平方和）在误差允许范围内，即最小一乘法。此时有

$$Q(K_1,K_2) = \sum_{i=1}^{n}\varepsilon_1^2 = \sum_{i=1}^{n}\left(X_{si} - \left\{-\frac{Ah}{A_0 h_0}[K_1\theta + K_2(\theta + \alpha + \Delta\alpha - \varphi)]\right\}\right)^2$$

因此，K_1 和 K_2 的估计值 $\hat{K_1}$ 和 $\hat{K_2}$ 应为方程组的解：

$$\begin{cases} \dfrac{\partial Q(K_1,K_2)}{\partial K_1} = 2\sum\limits_{i=1}^{n}\left(X_{si} - \left\{-\dfrac{Ah}{A_0 h_0}[K_1\theta + K_2(\theta + \alpha + \Delta\alpha - \varphi)]\right\}\right)\dfrac{Ah}{A_0 h_0}\times\theta = 0 \\[4mm] \dfrac{\partial Q(K_1,K_2)}{\partial K_2} = 2\sum\limits_{i=1}^{n}\left(X_{si} - \left\{-\dfrac{Ah}{A_0 h_0}[K_1\theta + K_2(\theta + \alpha + \Delta\alpha - \varphi)]\right\}\right) \\[4mm] \qquad\qquad \dfrac{Ah}{A_0 h_0}(\theta + \alpha + \Delta\alpha - \varphi) = 0 \end{cases}$$

$$\tag{2.15}$$

求得 $K_1 = 21.372$，$K_2 = 0.128$。

将实验数据代入式(2.13)可得侧向载荷峰值与轴向倾斜角和切削厚度的关系，如图 2.4 所示。当轴向倾斜角一定时，截齿的侧向载荷幅值随着切削厚度的增大而增大；当切削厚度一定时，随轴向倾斜角的增大，侧向载荷幅值呈线性增大。

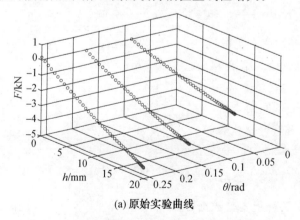

(a) 原始实验曲线

图 2.4　侧向载荷峰值与轴向倾斜角和切削厚度的关系

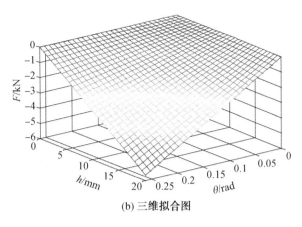

(b) 三维拟合图

续图 2.4

分别取图 2.4 中切削厚度 h 为 5 mm、10 mm、15 mm 和 20 mm 时，作出侧向载荷峰值与轴向倾斜角的拟合关系如图 2.5(a) 所示；以及 θ 为 5°、10° 和 15° 时，侧向载荷峰值与切削厚度的拟合关系如图 2.5(b) 所示。

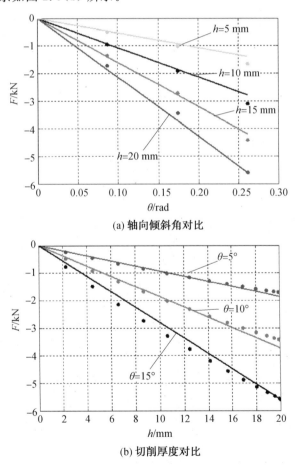

(a) 轴向倾斜角对比

(b) 切削厚度对比

图 2.5　侧向载荷峰值与轴向倾斜角和切削厚度的拟合关系

2. 轴向载荷

对轴向载荷采用最小二乘法进行拟合，建立轴向载荷与轴向倾斜角和切削厚度的模型：

$$A_s = \begin{cases} \dfrac{Ah}{A_0 h_0}\left[2.38 + 3.57\theta + 1.60(\theta + \alpha + \Delta\alpha - \varphi)\right] & (\theta + \alpha + \Delta\alpha - \varphi > 0) \\[3mm] \dfrac{Ah}{A_0 h_0}(2.38 + 3.57\theta) & (\theta + \alpha + \Delta\alpha - \varphi \leqslant 0) \end{cases}$$

$$(2.16)$$

分别取切削厚度 h 为 5 mm、10 mm、15 mm 和 20 mm 时，给出轴向载荷峰值与轴向倾斜角的拟合关系如图 2.6(a) 所示；以及 θ 为 5°、10°、15° 和 20° 时，轴向载荷峰值与切削厚度的拟合关系如图 2.6(b) 所示。

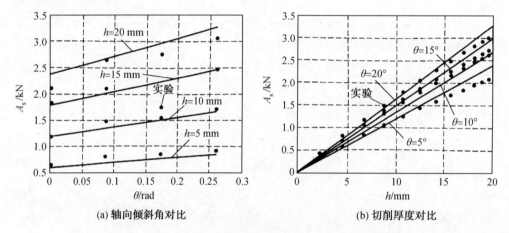

(a) 轴向倾斜角对比　　　　　　　　　(b) 切削厚度对比

图 2.6　轴向载荷峰值与轴向倾斜角和切削厚度的拟合关系

3. 径向载荷

对径向载荷也同样进行最小二乘法拟合，构建其数学模型：

$$P_s = \begin{cases} \dfrac{Ah}{A_0 h_0}\left[0.75 + 8.072\theta + 5.174(\theta + \alpha + \Delta\alpha - \varphi)\right] & (\theta + \alpha + \Delta\alpha - \varphi > 0) \\[3mm] \dfrac{Ah}{A_0 h_0}(0.75 + 8.072\theta) & (\theta + \alpha + \Delta\alpha - \varphi \leqslant 0) \end{cases}$$

$$(2.17)$$

分别取切削厚度 h 为 5 mm、10 mm、15 mm 和 20 mm 时，获得径向载荷峰值和轴向倾斜角的拟合关系如图 2.7(a) 所示；以及 θ 为 5°、10°、15° 和 20° 时，径向载荷峰值与切削厚度的拟合关系如图 2.7(b) 所示。从图 2.5 ~ 2.7 可以看出，所给出的拟合关系与实验结果是吻合的，变化规律具有一致性。

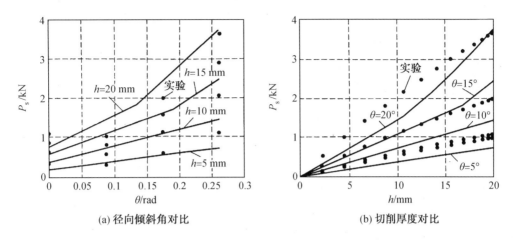

(a) 径向倾斜角对比　　　　　　　　　　　　(b) 切削厚度对比

图 2.7　径向载荷峰值与径向倾斜角和切削厚度的拟合关系

2.1.4　截齿三向载荷理论模型的求解

1. 侧向载荷

实验得到不同倾斜角(设 θ 为 $0°$、$5°$、$10°$、$15°$)的截齿侧向载荷曲线(在特定截割的截割阻抗),利用实验数据 $(\theta,h_i,F_{\theta_m i})(i=1,2,\cdots,n;m=0,1,2,3)$ 中参数 K_A 和系数 K 反映截齿与煤岩相互作用的综合因素,根据侧向载荷曲线参数估计的原则,使误差平方和 $\sum\limits_{m=0}^{\theta_m}\sum\limits_{i=1}^{n}\varepsilon_{\theta_m i}^2$ 最小,即采用最小二乘法反求出 K_A 和 K。若给定 θ_m,切削厚度 $h_i=0\sim h_0$,$h_i=\Delta hi$,$i=1,2,\cdots,n$,$n=\dfrac{h_0}{\Delta h}$,截割实验侧向载荷谱 $F_{i\theta}$,则有

$$\Delta\varepsilon_i = \sum_{i=1}^{n_1}(X_{\theta_m i}-F_{\theta_m i})^2\Big|_{\theta\leqslant\varphi_2-\alpha} + \sum_{i=n_1+1}^{n}(X_{\theta_m i}-F_{\theta_m i})^2\Big|_{\theta>\varphi_2-\alpha}$$

在不同 θ_m 下,则有

$$Q(K_A,K)=\sum_{m=0}^{\theta_m}\sum_{i=1}^{n}\varepsilon_{mi}^2=\sum_{m=0}^{\theta_m}\left\{\sum_{i=1}^{n_1}(X_{\theta_m i}-F_{\theta_m i})^2\Big|_{\theta\leqslant\varphi_2-\alpha}+\right.$$
$$\left.\sum_{i=n_1+1}^{n}(X_{\theta_m i}-F_{\theta_m i})^2\Big|_{\theta>\varphi_2-\alpha}\right\}_{\min}\tag{2.18}$$

将求得 $K_A=0.47$、$K=3.57$ 和 $k=1$ 代入式(2.13)得到截齿侧向数学模型:

$$
\begin{cases}
\dfrac{0.75A}{\tan\alpha\cos^2\beta_0}\left\{\left(\dfrac{1}{\cos\theta}+1-\tan\theta\tan\alpha\right)^2\dfrac{h_2}{h_0}-\right. \\
\left.(1-\tan\theta\tan\alpha)^2\left[1+\dfrac{\cos\alpha}{\cos(\alpha-\theta)}\right]^2\dfrac{h_1}{h_0}\right\}\quad(\theta\leqslant\varphi_2-\alpha') \\[2mm]
\dfrac{0.24A}{\tan\alpha}\left(\dfrac{3.19}{\cos^2\beta_0}\left\{\left(\dfrac{1}{\cos\theta}+1-\tan\theta\tan\alpha\right)^2\dfrac{h_2}{h_0}-\right.\right. \\
\left.\left.(1-\tan\theta\tan\alpha)^2\left[1+\dfrac{\cos\alpha}{\cos(\alpha-\theta)}\right]^2\dfrac{h_1}{h_0}\right\}+\dfrac{\alpha'+\theta-\varphi_2}{\sqrt2\sin\alpha}\right)\quad(\theta>\varphi_2-\alpha')
\end{cases}
$$

$$\tag{2.19}$$

图 2.8 为理论与实验侧向力曲线。图 2.8(a) 为侧向力 X 随截齿倾斜角度 θ 的变化规律，其最大误差为 6.7%。图 2.8(b) 为侧向力 X 随切削厚度 h 的变化规律，其最大误差为 7.2%，理论模型与实验结果是吻合的，二者的变化规律具有一致性。

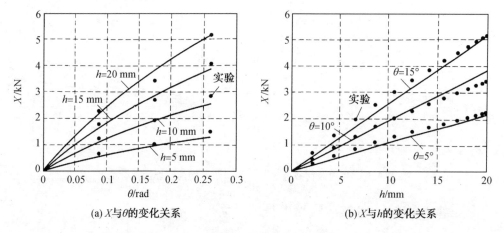

(a) X 与 θ 的变化关系　　　　　　　(b) X 与 h 的变化关系

图 2.8　理论与实验侧向力曲线

2. 轴向载荷

轴向载荷的求解根据不同轴向倾斜角的轴向实验载荷谱，采用最小二乘法反求出 $K_A' = 10.284\,4$、$K' = 0.725\,8$ 和 $k' = 1.2$ 代入式(2.16) 即可得到截齿轴向力数学模型，理论与实验轴向力曲线如图 2.9 所示。

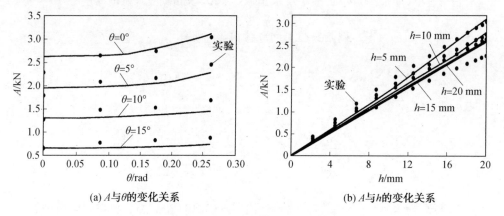

(a) A 与 θ 的变化关系　　　　　　　(b) A 与 h 的变化关系

图 2.9　理论与实验轴向力曲线

$$
A = \begin{cases}
\dfrac{0.68A}{\cos^2 \beta_0} \left\{ 1.2 \left[1 + \dfrac{\cos \alpha}{\cos(\alpha + \theta)} \right]^2 \dfrac{h_2}{h_0} + \left[1 + \dfrac{\cos \alpha}{\cos(\alpha - \theta)} \right]^2 \dfrac{h_1}{h_0} \right\} & (\theta \leqslant \varphi_2 - \alpha') \\[4mm]
5.14A \left(\dfrac{0.13}{\cos^2 \beta_0} \left\{ 1.2 \left[1 + \dfrac{\cos \alpha}{\cos(\alpha + \theta)} \right]^2 \dfrac{h_2}{h_0} + \left[1 + \dfrac{\cos \alpha}{\cos(\alpha - \theta)} \right]^2 \dfrac{h_1}{h_0} \right\} + \right. \\[4mm]
\left. \dfrac{\alpha' + \theta - \varphi_2}{\sqrt{2} \sin \alpha} \right) & (\theta > \varphi_2 - \alpha')
\end{cases}
$$

$$(2.20)$$

3. 径向载荷

径向载荷的求解根据不同轴向倾斜角的径向实验载荷谱,采用最小二乘法反求出 $K''_A = 138.740\ 1$、$K'' = 0.166\ 7$ 和 $k'' = 1$ 代入式(2.17)即可得到截齿径向力数学模型,理论与实验径向力曲线如图2.10所示。

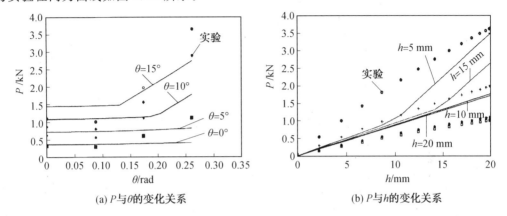

(a) P 与 θ 的变化关系　　　　　　　　(b) P 与 h 的变化关系

图 2.10　理论与实验径向力曲线

$$
P = \begin{cases}
\dfrac{0.48A\cos\alpha}{\cos^2\beta_0}\left\{\left[1+\dfrac{\cos\alpha}{\cos(\alpha+\theta)}\right]^2\dfrac{h_2}{h_0}+\left[1+\dfrac{\cos\alpha}{\cos(\alpha-\theta)}\right]^2\dfrac{h_1}{h_0}\right\} & (\theta\leqslant\varphi_2-\alpha') \\[3mm]
\dfrac{69.37A\cos\alpha}{\sin\alpha}\left(\dfrac{0.007}{\cos^2\beta_0}\left\{\left[1+\dfrac{\cos\alpha}{\cos(\alpha+\theta)}\right]^2\dfrac{h_2}{h_0}+\left[1+\dfrac{\cos\alpha}{\cos(\alpha-\theta)}\right]^2\dfrac{h_1}{h_0}\right\}+ \right. \\[3mm]
\left. \dfrac{\alpha'+\theta-\varphi_2}{\sqrt{2}\sin\alpha}(f+1)\right) & (\theta>\varphi_2-\alpha')
\end{cases}
$$

$$(2.21)$$

由图2.8～2.10可见,侧向力、轴向力和径向力的理论值与实验测试结果趋势基本一致,数值大小吻合性较好,验证了镐型截齿三向力学模型的准确性。

由上述截齿三向载荷的线性拟合模型与三向载荷的理论模型的求解可知,两种方法的三向载荷变化规律具有一致性,若截割阻抗 A 不同,则可近似按 $\dfrac{A_0}{A}$ 修正上述计算结果。

2.2　滚筒倾斜布置截齿载荷计算方法

采煤机截割部是采煤机破煤的主要部件,由机械传动系统和螺旋滚筒两部分组成。对于极薄煤层来讲,由于煤层空间的限制,滚筒直径较小,再加上摇臂宽度的阻碍,减小了滚筒出煤口的过煤面积,滚筒装煤效率较低。滚筒倾斜布置,将采煤机摇臂与滚筒的连接部放置在靠近煤壁一侧,滚筒出煤口没有摇臂的阻碍,可以完全释放滚筒的装煤能力。本节主要内容为介绍常见的截割部布置形式,给出滚筒重要结构参数,建立滚筒倾斜布置截割部的完整三维模型。

2.2.1 滚筒倾斜布置截割部

1. 截割部布置形式

常见的薄煤层采煤机截割部布置形式降低了摇臂对滚筒装煤的阻碍,并没有完全消除摇臂的影响。为完全释放滚筒的装煤能力,刘春生带领的课题组研制了一种滚筒倾斜布置截割部,具体如图 2.11 所示,σ 为滚筒倾斜角度,(°)。截割部摇臂靠近煤壁侧,完全消除摇臂对滚筒装煤的阻碍,同时滚筒倾斜布置,改变了滚筒叶片的推煤方向,叶片推煤方向更向前,滚筒抛煤方向指向刮板输送机,减小了滚筒出煤口与刮板输送机的距离。

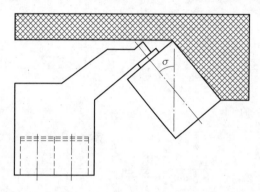

图 2.11 滚筒倾斜布置截割部

2. 螺旋滚筒

滚筒结构参数与采煤机截割部布置形式有直接关系。滚筒倾斜布置,改变了截割部传统布置形式,因此滚筒结构参数应适应传动系统要求。

(1) 滚筒直径。

针对极薄煤层采煤机,滚筒直径 D 一般按照下式计算:

$$D = H_{\min} - L \tag{2.22}$$

式中　$H_{\min}$——最小煤层厚度,m;

　　　　L——滚筒截煤后的底板下层量,取 $0.1 \sim 0.3$ m。

极薄煤层的厚度一般在 0.8 m 以下,滚筒的直径范围为 $0.5 \sim 0.7$ m,考虑到极薄煤层采煤机的设计要求,本次研制的采煤机滚筒直径为 0.7 m。

(2) 叶片直径。

螺旋叶片是滚筒装煤的重要部件,截齿径向伸出的长度是影响叶片直径 D_y 的主要因素:

$$D_y = D - 2l_j \tag{2.23}$$

式中　l_j——截齿径向伸出长度,m。

$$l_j = k_0 h_{\max} \tag{2.24}$$

式中　k_0——储备系数,采煤机截齿 k_0 取 $1.3 \sim 1.6$;

　　　　$h_{\max}$——截齿最大切削厚度,m。

$$h_{\max} = \frac{v_q}{mn} \tag{2.25}$$

式中　　v_q——采煤机牵引速度,m/min;

m——叶片头数;

n——滚筒转速,r/min。

极薄煤层有限空间限制了截割电机功率,v_q 拟定为 0 ～ 5 m/min,n 拟定为 85 ～ 90 r/min。采用双头螺旋叶片,综合考虑螺旋叶片对装煤效果的影响,根据式(2.23) ～ (2.25)给出叶片直径范围为 0.60 ～ 0.62 m。

（3）轮毂直径。

轮毂是螺旋滚筒与传动系统输出轴连接的构件,极薄煤层采煤机滚筒直径小,常采用锥轴加平键的连接方式。轮毂直径 D_g 的大小会影响滚筒的装煤空间。传统极薄煤层采煤机通过减小轮毂直径来增大装煤空间,提高滚筒的装煤能力,但装煤能力依然受到摇臂端的影响。滚筒倾斜布置时摇臂端放置在煤壁侧,没有摇臂端对滚筒过煤面积的影响,轮毂直径可以根据连接要求和结构要求适当增大。轮毂直径常用下式计算:

$$D_g \geqslant \Delta + D_z \tag{2.26}$$

式中　　Δ——轮毂厚度,m;

D_z——传动轴直径,m。

考虑连接要求和结构要求,刘春生带领的课题组研制的轮毂为阶梯轮毂,$D_{g1} = 0.36$ m,$D_{g2} = 0.49$ m。

（4）滚筒截深。

滚筒直立布置截煤时,为了起到更好的破煤效果,常常使滚筒截深小于滚筒结构宽度,便于充分利用煤岩的压张效应。滚筒倾斜布置后,如图 2.11 所示,实际滚筒截深 J 与滚筒结构宽度 B 存在角度转换关系:

$$J = B\cos \sigma \tag{2.27}$$

（5）螺旋叶片。

在滚筒装煤过程中,螺旋叶片起到主要作用。通常极薄煤层采煤机的叶片头数多为双头或者三头,综合考虑滚筒受载和装煤效果,倾斜布置滚筒采用双头叶片。螺旋升角 α_i 可以通过下式进行计算:

$$\alpha_i = \arctan \frac{S}{\pi D} \tag{2.28}$$

式中　　S——导程。

2.2.2　滚筒倾斜布置的截齿载荷模型

1. 滚筒直立布置的截齿载荷模型

截齿截割煤岩有三种常见状态,分别为图 2.12 中的对称截割状态(此时截齿轴向倾斜角 $\theta = 0°$)、图 2.13 中的非对称截割状态(此时 $\theta \neq 0°$),以及图 2.14 中的碾挤压截割状态(此时 $\theta > 0°$,且 $\theta \leqslant \varphi_2$)。$\varphi_1$、$\varphi_2$ 为截齿两侧的崩落角,(°)。α 和 α' 是齿尖半锥角和等效齿尖半锥角,$\alpha' = \alpha + \Delta\alpha$,(°)。

图 2.12 中,R 为截齿齿尖硬质合金头的半径,mm;h_1、h_2 为截齿两侧的切削厚度,mm;l_1、l_2 为截齿齿尖两侧作用于煤岩区域的锥线长度,mm;X_1、X_2 为垂直截齿轴线两

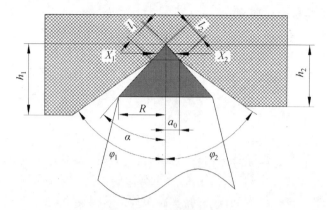

图 2.12 对称截割状态

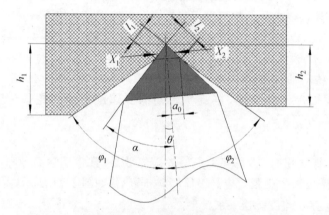

图 2.13 非对称截割状态

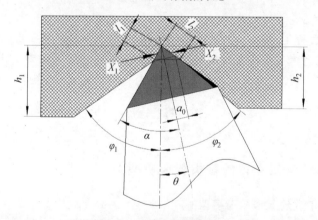

图 2.14 碾挤压截割状态

侧的侧向载荷,kN;a_0 为截齿齿尖作用在煤岩上张应力区的等效圆半径,mm。

α' 与截齿径向安装角 β_0(β) 有关,$\beta_0 + \beta = 90°$,具体如图 2.15 所示。

$$\tan \alpha' = \frac{R}{H_2} = \frac{R}{H_1 \sin \beta_0} \tag{2.29}$$

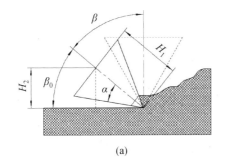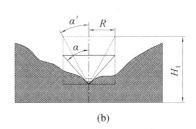

(a)　　　　　　　　　　　　　　　　　　(b)

图 2.15　α 和 α' 的关系

$$\tan \alpha = \frac{R}{H_1} \tag{2.30}$$

$$\tan \alpha' = \frac{\tan \alpha}{\sin \beta_0} \tag{2.31}$$

截齿三向载荷依据煤岩破碎理论,将 a_0 范围内煤岩达到抗压强度时的作用力假设为截齿破碎煤岩载荷的大小,以此推导出截齿三向载荷数学模型。截齿三向载荷计算示意图如图 2.16 所示。

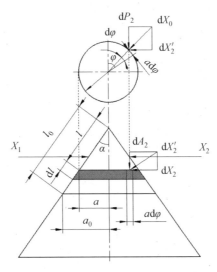

图 2.16　截齿三向载荷计算示意图

(1)$\theta = 0°$,$h_1 = h_2$ 截割状态。

当 $\theta = 0°$,$h_1 = h_2$ 时,由图 2.12 和图 2.16 可知,作用在截齿齿尖单元锥弧面积 $a\mathrm{d}\varphi\mathrm{d}l$ 上的力为

$$\mathrm{d}X_\sigma = \sigma_y a\mathrm{d}\varphi\mathrm{d}l \tag{2.32}$$

式中　σ_y——煤岩抗压强度,MPa。

$$l_0 = \frac{a_0}{\sin \alpha} \tag{2.33}$$

$$l = \frac{a}{\sin \alpha} \tag{2.34}$$

$$dX_2' = dX_\sigma \sin \varphi \tag{2.35}$$

可以获得截齿侧向载荷：

$$dX_2 = dX_2' \cos \alpha = \sigma_y \cos \alpha \sin \alpha \sin \varphi d\varphi l \, dl \tag{2.36}$$

在张应力区等效圆半径 a_0 范围内，通过积分可得

$$X_2 = \sigma_y \cos \alpha \sin \alpha \int_0^\pi \sin \varphi d\varphi \int_0^{l_0} l \, dl = \frac{\sigma_y a_0^2}{\tan \alpha} \tag{2.37}$$

当 $\theta = 0°$ 时，忽略块煤不同时崩落对侧向载荷的影响，截齿两侧侧向载荷的均值近似相等，即 $X_1 \approx X_2$，两者方向相反，$X = X_1 X_2 \approx 0$。

从图 2.16 可以获得截齿截割轴向载荷与侧向载荷的关系：

$$dA_2 = dX_2' \sin \alpha = dX_0 \sin \varphi \sin \alpha = \sigma_y \sin^2 \alpha \sin \varphi d\varphi l \, dl \tag{2.38}$$

$$A_2 = \sigma_y \sin^2 \alpha \int_0^\pi \sin \varphi d\varphi \int_0^{l_0} l \, dl = \sigma_y a_0^2 \tag{2.39}$$

同理，可以获得截齿径向载荷与侧向载荷的关系：

$$dP_2 = dX_0 \cos \varphi \cos \alpha = \sigma_y \sin \alpha \cos \alpha \cos \varphi d\varphi l \, dl \tag{2.40}$$

当 $\beta_0 > \alpha$ 时，

$$P_2 = \sigma_y \sin \alpha \cos \alpha \int_0^{\frac{\pi}{2}} \cos \varphi d\varphi \int_0^{l_0} l \, dl = \frac{a_0^2 \sigma_y}{2\tan \alpha} \tag{2.41}$$

当 $\beta_0 = 0°$ 时，上下对称，则 $P_2 = 0$。

(2) $\theta \neq 0°$，$h_1 = h_2$ 截割状态。

当 $\theta \neq 0°$ 且 $h_1 = h_2 = h_0$ 时，截齿齿尖的作用圆发生改变，通过等效计算求出 a_0 的等效值 $\{a_1, a_2\}$，等效简图如图 2.17 所示，图中 $a_1'' = a_2''$。

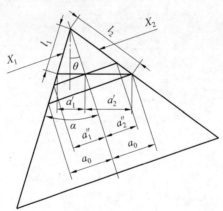

图 2.17　截齿轴向倾斜时齿尖作用圆

通过分析有

$$a_1' = \frac{a_1'' \cos \alpha}{\cos(\alpha - \theta)} \tag{2.42}$$

$$a_2' = \frac{a_0}{\cos \theta} \tag{2.43}$$

$$a_2'' = a_0 (1 - \tan \theta \tan \alpha) \tag{2.44}$$

$$a_1 = \frac{a_1' + a_1''}{2} \tag{2.45}$$

$$a_2 = \frac{a_2' + a_2''}{2} \tag{2.46}$$

通过式(2.42)～(2.44)可得

$$a_1 = \frac{a_0}{2}(1 - \tan\theta\tan\alpha)\left[1 + \frac{\cos\alpha}{\cos(\alpha - \theta)}\right] \tag{2.47}$$

$$a_2 = \frac{a_0}{2}\left(\frac{1}{\cos\theta} + 1 - \tan\theta\tan\alpha\right) \tag{2.48}$$

将式(2.47)、式(2.48)代入式(2.37)可得此工况下的截齿侧向载荷:

$$X = X_2 - X_1 = \frac{\sigma_y a_0^2}{4\tan\alpha}\left\{\left(\frac{1}{\cos\alpha} + 1 - \tan\theta\tan\alpha\right)^2 - \right.$$

$$\left. (1 - \tan\theta\tan\alpha)^2\left[1 + \frac{\cos\alpha}{\cos(\alpha - \theta)}\right]^2\right\} \tag{2.49}$$

考虑此工况下的截齿轴向载荷和径向载荷时,文献给出 a_1、a_2 的等效值:

$$a_1 = \frac{a_0}{2}\left[1 + \frac{\cos\alpha}{\cos(\alpha - \theta)}\right] \tag{2.50}$$

$$a_2 = \frac{a_0}{2}\left[1 + \frac{\cos\alpha}{\cos(\alpha + \theta)}\right] \tag{2.51}$$

由式(2.39)可得截齿轴向载荷:

$$A = A_1 + A_2 = \frac{\sigma_y a_0^2}{4}\left\{\left[1 + \frac{\cos\alpha}{\cos(\alpha - \theta)}\right]^2 + \left[1 + \frac{\cos\alpha}{\cos(\alpha + \theta)}\right]^2\right\} \tag{2.52}$$

由式(2.41)可得截齿径向载荷:

$$P = P_1 + P_2 = \frac{\sigma_y a_0^2}{8\tan\alpha}\left\{\left[1 + \frac{\cos\alpha}{\cos(\alpha - \theta)}\right]^2 + \left[1 + \frac{\cos\alpha}{\cos(\alpha + \theta)}\right]^2\right\} \tag{2.53}$$

考虑到截齿径向安装角 $\beta_0 > 0°$,则有等效半径 $a_0(a_{\beta_0})$,$a_{\beta_0} = a_0/\cos\beta_0$,$a_{\beta_0} < R$。依据比能耗最小原则,可以获得截齿三向载荷:

$$\begin{cases} X = \dfrac{\sigma_y a_0^2}{4\tan\alpha\cos^2\beta_0}\left\{\left(\dfrac{1}{\cos\alpha} + 1 - \tan\theta\tan\alpha\right)^2 - \right. \\ \qquad\left. (1 - \tan\theta\tan\alpha)^2\left[1 + \dfrac{\cos\alpha}{\cos(\alpha - \theta)}\right]^2\right\} \\ A = \dfrac{\sigma_y a_0^2}{4\cos^2\beta_0}\left\{\left[1 + \dfrac{\cos\alpha}{\cos(\alpha - \theta)}\right]^2 + \left[1 + \dfrac{\cos\alpha}{\cos(\alpha + \theta)}\right]^2\right\} \\ P = \dfrac{\sigma_y a_0^2}{8\tan\alpha\cos^2\beta_0}\left\{\left[1 + \dfrac{\cos\alpha}{\cos(\alpha - \theta)}\right]^2 + \left[1 + \dfrac{\cos\alpha}{\cos(\alpha + \theta)}\right]^2\right\} \end{cases} \tag{2.54}$$

(3)$\theta \neq 0°$,$h_1 \neq h_2$ 截割状态。

当 $\theta \neq 0°$,$h_1 \neq h_2$ 时,通过实验分析得到截齿截割载荷与截割阻抗 $A_j(\sigma_y)$、切削厚度 h 呈近似正比关系,式(2.54)是在特定切削厚度 $h_0(a_0)$ 条件下推导出的,由此给出截齿三向载荷的一般形式:

$$\begin{cases} X = \dfrac{\sigma_y a_0^2}{4\tan\alpha\cos^2\beta_0}\left\{\left(\dfrac{1}{\cos\alpha}+1-\tan\theta\tan\alpha\right)^2\dfrac{h_2}{h_0}-\right. \\ \qquad\left.(1-\tan\theta\tan\alpha)^2\left[1+\dfrac{\cos\alpha}{\cos(\alpha-\theta)}\right]^2\dfrac{h_1}{h_0}\right\} \\ A = \dfrac{\sigma_y a_0^2}{4\cos^2\beta_0}\left\{\left[1+\dfrac{\cos\alpha}{\cos(\alpha-\theta)}\right]^2\dfrac{h_2}{h_0}+\left[1+\dfrac{\cos\alpha}{\cos(\alpha+\theta)}\right]^2\dfrac{h_1}{h_0}\right\} \\ P = \dfrac{\sigma_y a_0^2}{8\tan\alpha\cos^2\beta_0}\left\{\left[1+\dfrac{\cos\alpha}{\cos(\alpha-\theta)}\right]^2\dfrac{h_2}{h_0}+\left[1+\dfrac{\cos\alpha}{\cos(\alpha+\theta)}\right]^2\dfrac{h_1}{h_0}\right\} \end{cases} \tag{2.55}$$

(4) $\theta > \varphi_2\alpha'$ 截割状态。

当 $\theta > \varphi_2\alpha'$ 时,截齿处于碾挤压煤壁状态,煤壁给截齿的载荷除了正常煤岩破碎产生的阻力外,还有因为碾挤压产生的附加阻力。如图 2.18 所示,碾挤压阻力 $\varphi_\sigma(\theta)$ 来源于截齿齿尖锥面线与煤岩截槽重叠挤压的结果,$\varphi_\sigma(\theta)$ 与重叠面积 S_0、σ_y 成正比,$S_0 \approx 0.5L_z^2(\alpha'+\theta-\varphi_2)$。

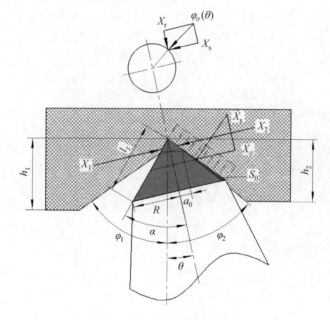

图 2.18　附加碾挤压载荷

$$\varphi_\sigma(\theta) = \sigma_y S_0 \tag{2.56}$$

为了简化计算,则令截齿齿尖与煤岩挤压形成的径向力 X_r 和侧向挤压力 X_s 相等,即 $X_r \approx X_s$,则有

$$X_s^2 + X_r^2 = \varphi_\sigma^2(\theta) \tag{2.57}$$

$$X_s = \frac{1}{2\sqrt{2}}L_z^2(\alpha'+\theta-\varphi_2)\sigma_y \tag{2.58}$$

垂直截齿轴向方向的侧向载荷为

$$X_\sigma = X_s\cos\alpha = \frac{\sigma_y\cos\alpha}{2\sqrt{2}}L_z^2(\alpha'+\theta-\varphi_2) \tag{2.59}$$

考虑到摩擦系数 f,截齿附加轴向力和附加径向力分别为

$$A_\sigma = \frac{\sigma_y \sin \alpha}{2\sqrt{2}} L_z^2 (\alpha' + \theta - \varphi_2)(1 + f) \tag{2.60}$$

$$P_\sigma = \frac{\sigma_y \cos \alpha}{2\sqrt{2}} L_z^2 (\alpha' + \theta - \varphi_2)(1 + f) \tag{2.61}$$

由此可得，当 $\theta > \varphi_2 \alpha'$ 时，截齿三向载荷为

$$
\begin{cases}
X = \dfrac{\sigma_y a_0^2}{4\tan \alpha \cos^2 \beta_0} \left\{ \left(\dfrac{1}{\cos \alpha} + 1 - \tan \theta \tan \alpha \right)^2 \dfrac{h_2}{h_0} - \right. \\
\qquad \left. (1 - \tan \theta \tan \alpha)^2 \left[1 + \dfrac{\cos \alpha}{\cos(\alpha - \theta)} \right]^2 \dfrac{h_1}{h_0} \right\} + \\
\qquad \dfrac{\sigma_y \cos \alpha}{2\sqrt{2}} L_z^2 (\alpha' + \theta - \varphi_2) \\
A = \dfrac{\sigma_y a_0^2}{4\cos^2 \beta_0} \left\{ \left[1 + \dfrac{\cos \alpha}{\cos(\alpha + \theta)} \right]^2 \dfrac{h_2}{h_0} + \left[1 + \dfrac{\cos \alpha}{\cos(\alpha - \theta)} \right]^2 \dfrac{h_1}{h_0} \right\} + \\
\qquad \dfrac{\sigma_y \sin \alpha}{2\sqrt{2}} L_z^2 (\alpha' + \theta - \varphi_2)(1 + f) \\
P = \dfrac{\sigma_y a_0^2}{8\tan \alpha \cos^2 \beta_0} \left\{ \left[1 + \dfrac{\cos \alpha}{\cos(\alpha + \theta)} \right]^2 \dfrac{h_2}{h_0} + \left[1 + \dfrac{\cos \alpha}{\cos(\alpha - \theta)} \right]^2 \dfrac{h_1}{h_0} \right\} + \\
\qquad \dfrac{\sigma_y \cos \alpha}{2\sqrt{2}} L_z^2 (\alpha' + \theta - \varphi_2)(1 + f)
\end{cases} \tag{2.62}
$$

（5）不同截割状态下截齿三向载荷模型。

分析结果表明，截齿截割载荷与截割阻抗 A_j 和齿尖当量接触面积成正比。令 $\sigma_y R^2 \approx K_A A_j$，$a_0 = KR$，$K < 1$，$L_z = R/\sin \alpha$，其中 K_A、K_A'、K_A''、K、K'、K'' 通过实验载荷谱确定。将以上关系式代入式（2.62），可得不同截割状态下截齿截割煤岩三向载荷理论模型：

$$
\begin{cases}
X = \dfrac{7.487\,6 A_j}{\tan \alpha \cos^2 \beta_0} \left\{ \left(\dfrac{1}{\cos \alpha} + 1 - \tan \theta \tan \alpha \right)^2 \dfrac{h_2}{h_0} - \right. \\
\qquad \left. (1 - \tan \theta \tan \alpha)^2 \left[1 + \dfrac{\cos \alpha}{\cos(\alpha - \theta)} \right]^2 \dfrac{h_1}{h_0} \right\} + \dfrac{0.830\,9 A_j}{\tan \alpha \sin \alpha} (\alpha' + \theta - \varphi_2) \\
A = \dfrac{0.677\,2 A_j}{\cos^2 \beta_0} \left\{ 1.2 \left[1 + \dfrac{\cos \alpha}{\cos(\alpha + \theta)} \right]^2 \dfrac{h_2}{h_0} + \left[1 + \dfrac{\cos \alpha}{\cos(\alpha - \theta)} \right]^2 \dfrac{h_1}{h_0} \right\} + \\
\qquad \dfrac{1.818 A_j}{\sin \alpha} (\alpha' + \theta - \varphi_2)(1 + f) \\
P = \dfrac{0.481\,9 A_j}{\tan \alpha \cos^2 \beta_0} \left\{ \left[1 + \dfrac{\cos \alpha}{\cos(\alpha + \theta)} \right]^2 \dfrac{h_2}{h_0} + \left[1 + \dfrac{\cos \alpha}{\cos(\alpha - \theta)} \right]^2 \dfrac{h_1}{h_0} \right\} + \\
\qquad \dfrac{1.666 A_j}{\tan \alpha \sin \alpha} (\alpha' + \theta - \varphi_2)(1 + f)
\end{cases} \tag{2.63}
$$

2. 滚筒倾斜布置的截齿载荷模型

(1) 截齿轨迹方程。

滚筒倾斜布置采煤机沿牵引速度方向旋转截割,M 是滚筒上一截齿齿尖零时刻的位置,以滚筒中心为原点建立如图 2.19 所示运动坐标系 $Oxyz$,通过分析可得截齿齿尖 M 点的运动方程:

$$\begin{cases} x = r\cos \omega t \cos \sigma + v_q t \\ y = r\cos \omega t \sin \sigma \\ z = -r\sin \omega t \end{cases} \quad (2.64)$$

式中　　r—— 滚筒半径,m;

　　　　ω—— 滚筒角速度,rad/s。

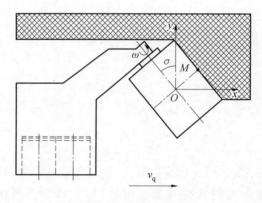

图 2.19　运动坐标系

(2) 截齿速度方程。

由运动方程可得截齿速度方程:

$$\begin{cases} v_x = -r\omega \cos \sigma \sin \omega t + v_q \\ v_y = -r\omega \sin \sigma \sin \omega t \\ v_z = -r\omega \cos \omega t \end{cases} \quad (2.65)$$

齿尖速度的大小为

$$v_0 = \sqrt{v_x^2 + v_y^2 + v_z^2} \quad (2.66)$$

方向为

$$\cos(v_0, x) = v_x/v_0$$

$$\cos(v_0, y) = v_y/v_0$$

$$\cos(v_0, z) = v_z/v_0$$

(3) 截齿加速度方程。

同理,可得截齿加速度方程:

$$\begin{cases} a_x = -r\omega^2 \cos \sigma \cos \omega t \\ a_y = -r\omega^2 \sin \sigma \cos \omega t \\ a_z = r\omega^2 \sin \omega t \end{cases} \quad (2.67)$$

截齿加速度 a_j 的大小为

$$a_j = \sqrt{a_x^2 + a_y^2 + a_z^2} = \omega^2 r \tag{2.68}$$

方向为

$$\cos(a_j, x) = a_x / a_j$$
$$\cos(a_j, y) = a_y / a_j$$
$$\cos(a_j, z) = a_z / a_j$$

给定滚筒半径和运动参数：$r = 0.35$ m，$n = 90$ r/min，$v_q = 4$ m/min，滚筒旋转一周的时间为 T，作出截齿运动轨迹，如图 2.20 所示。

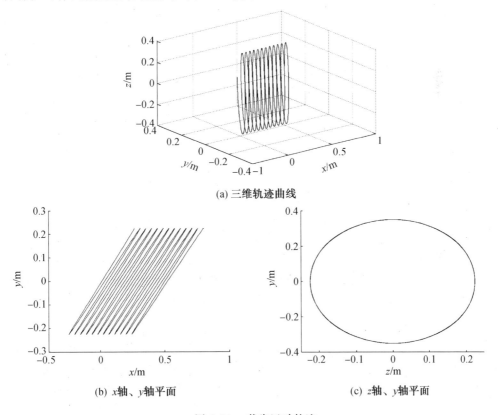

(a) 三维轨迹曲线

(b) x 轴、y 轴平面　　　　　　　(c) z 轴、y 轴平面

图 2.20　截齿运动轨迹

由式(2.65)和式(2.66)给出截齿齿尖分速度和合速度的变化曲线，如图 2.21 所示。

由图 2.21 可得，v_x 的变化范围为 $-2.46 \sim 2.59$ m/s；v_y 的变化范围为 $-2.12 \sim 2.12$ m/s；v_z 的变化范围为 $-3.30 \sim 3.30$ m/s；v_0 的大小变化范围为 $3.25 \sim 3.35$ m/s。

由式(2.67)和式(2.68)给出截齿齿尖合加速度和分加速度曲线，如图 2.22 所示。

由图 2.22 可得，a_x、a_y、a_z 的最大值分别为 23.82 m/s^2、19.98 m/s^2、31.09 m/s^2，合加速度的大小为恒定值，等于 31.09 m/s^2。

3. 切削厚度

截齿切削厚度是计算截割载荷的基础。滚筒直立布置时，常用近似算法 $h_i =$

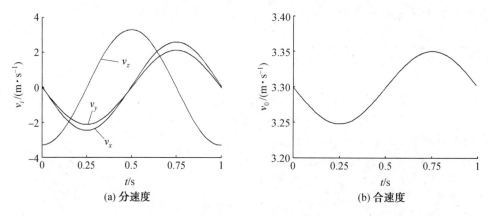

(a) 分速度 （b) 合速度

图 2.21　截齿速度变化曲线

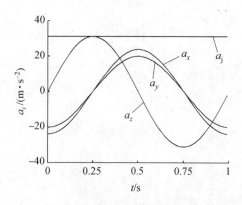

图 2.22　加速度曲线

$h_{max} \sin \varphi$ 计算，φ 为截齿不同截割位置角，($°$)。滚筒直立布置情况下，截齿不同截割位置的切削厚度为

$$h_z = r + h_{max} \sin \varphi - \sqrt{r^2 - h_{max}^2 \cos^2 \varphi} \tag{2.69}$$

滚筒倾斜布置后，通过分析可知，截齿截割轨迹发生改变，存在两个方向的切削厚度，分别为沿滚筒径向方向的切削厚度 h_j 和沿采煤机牵引速度方向的切削厚度 h_q，计算简图如图 2.23 所示。

滚筒截割一周，沿采煤机牵引速度方向的最大切削厚度 $h_{qmax} = v_q / mn$，沿滚筒径向方向的最大切削厚度 h_{jmax} 为

$$h_{jmax} = h_{qmax} \cos \sigma \tag{2.70}$$

将 h_{jmax} 代入式(2.69)，可得截齿沿滚筒径向方向不同截割位置角 φ 的切削厚度：

$$h_j = r + h_{jmax} \sin \varphi - \sqrt{r^2 - h_{jmax}^2 \cos^2 \varphi} \tag{2.71}$$

通过式(2.70)可反求出截齿沿牵引速度方向不同位置角的切削厚度为

$$h_q = \frac{h_j}{\cos \sigma} \tag{2.72}$$

整理得

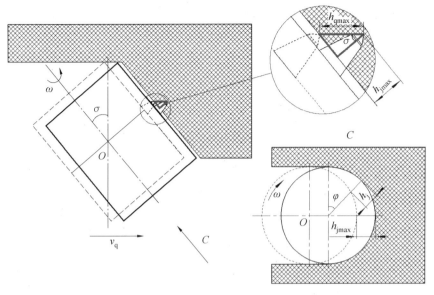

图 2.23　倾斜布置滚筒截齿切削厚度

$$h_q = \frac{r + h_{qmax}\cos\sigma\sin\varphi - \sqrt{r^2 - h_{qmax}^2\cos^2\sigma\cos^2\varphi}}{\cos\sigma} \qquad (2.73)$$

给出 h_j、h_q 随不同截割位置角 φ 的变化规律,如图 2.24 所示。

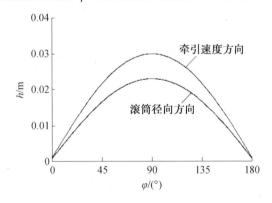

图 2.24　倾斜布置滚筒不同方向的切削厚度

由图 2.24 可得,滚筒倾斜布置时,截齿两个方向的切削厚度均呈月牙形,沿牵引速度方向的切削厚度大于沿滚筒径向方向的切削厚度,在 $\varphi = 90°$ 时,两者相差最大,h_q 为 0.03 m,h_j 为 0.023 m。

4. 截齿载荷模型

滚筒倾斜布置时截齿截割状态如图 2.25 所示,结合图 2.20 截齿运动轨迹,可见截齿截煤过程中参与两个方向的运动,即绕滚筒轴线方向的转动和沿采煤机牵引速度方向的进给运动。单独考虑旋转截割时,截齿为对称截割状态,单独考虑沿牵引速度方向的进给运动时,截齿为碾挤压状态。通过上述分析可得,滚筒倾斜布置截齿三向载荷由旋转截割载荷(X_n、A_n、P_n)和碾挤压载荷(X_{vq}、A_{vq}、P_{vq})两部分组成。通过对大量实验数据研究分析,可得碾挤压载荷对侧向载荷的影响较大,对轴向载荷和径向载荷的影响较小,故此工况下暂不考虑截齿轴向载荷和径向载荷的碾挤压成分。

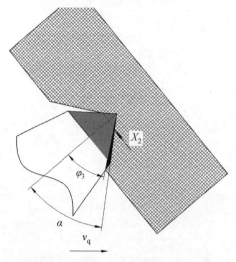

图 2.25　滚筒倾斜布置时截齿截割状态

考虑到极薄煤层采煤机滚筒直径较小,采煤机牵引速度较小,截线距对截齿两侧切削厚度的影响较小,为简化理论模型,假定截齿两侧切削厚度相等($h_1 = h_2$),则截齿侧向载荷旋转截割部分 $X_n \approx 0$。截齿三向载荷为

$$\begin{cases} X = X_{vq} \\ A = A_n \\ P = P_n \end{cases} \tag{2.74}$$

将式(2.74)代入式(2.63)中,整理得

$$\begin{cases} X = \dfrac{\sqrt{2}\,K_A A_j}{4A_0 \tan \alpha \sin \alpha}(\alpha' - \varphi_3) \\ A = \dfrac{K'_A A_j K'^2}{A_0 \cos^2 B_0} h_i \\ P = \dfrac{K''_A A_j K''^2}{A_0 \cos^2 B_0} \dfrac{\cos \alpha}{\sin \alpha} h_i \end{cases} \tag{2.75}$$

式中　φ_3——滚筒倾斜布置截齿右侧崩落角。

2.2.3　滚筒倾斜布置的装煤效率理论模型

滚筒的落煤能力:

$$Q_t = J v_q [D_c \lambda' - (D_c - D_y)] \tag{2.76}$$

式中　λ'——煤岩松散系数,λ'取值为 $1.5 \sim 1.7$。

滚筒的装煤能力:

$$Q''_z = \dfrac{\pi S n}{4}\left[D_y^2 - D_g^2 - \dfrac{S^2}{\pi^2}\ln \dfrac{(\pi D_y)^2 + S^2}{(\pi D_g)^2 + S^2}\right] \tag{2.77}$$

通过式(2.76)和式(2.77)得到滚筒装煤效率理论模型:

$$\eta = \frac{\frac{\pi Sn}{4}\left[D_y^2 - D_g^2 - \frac{S^2}{\pi^2}\ln\frac{(\pi D_y)^2 + S^2}{(\pi D_g)^2 + S^2}\right]}{Jv_q D_c \lambda' - Jv_q(D_c - D_g)} \tag{2.78}$$

考虑到滚筒装煤实验难度较大,采用装煤模拟结果修正理论模型的方法给出综合装煤效率关系式:

$$\eta_1 = 1.768\,4\left\{\frac{\pi S\left[D_y^2 - D_g^2 - \frac{S^2}{\pi^2}\ln\frac{(\pi D_y)^2 + S^2}{(\pi D_g)^2 + S^2}\right]}{4JD_c\lambda' - 4J(D_c - D_g)}\right\}\left(\frac{n_i}{v_{qi}}\right)^{0.084\,4} \tag{2.79}$$

式(2.79)是在滚筒直立布置的情况下推导出的,滚筒装煤能力与滚筒轴向推煤速度的方向、大小有关;也与抛煤速度的方向、大小有关,叶片轴向线速度越大,越有利于滚筒装煤。滚筒倾斜布置后,叶片推煤方向和抛煤方向均发生改变,从滚筒倾斜角度出发,综合考虑影响因素,给出滚筒倾斜布置装煤效率理论模型:

$$\eta_2 = \frac{2k''}{1 + \cos\sigma}\left\{\frac{\pi S\left[D_y^2 - D_g^2 - \frac{S^2}{\pi^2}\ln\frac{(\pi D_y)^2 + S^2}{(\pi D_g)^2 + S^2}\right]}{4JD_c\lambda' - 4J(D_c - D_g)}\right\}\left(\frac{n_i}{v_{qi}}\right)^{0.084\,4} \tag{2.80}$$

式中　k''——滚筒倾斜布置装煤效率修正系数。

2.3　截割链载荷数值模拟

2.3.1　截齿链式采煤机结构分析

截齿链式采煤机的复合滚筒结构如图 2.26 所示,其由截齿链和滚筒两部分组成。截齿链在复合滚筒中的作用主要有两个:一是将动力传递给滚筒,从这方面说,截齿链起到了摇臂的功能,但是和传统摇臂布置在滚筒外侧不同,截齿链布置在滚筒的内侧,所以它相当于一个内侧摇臂,这样把摇臂布置在滚筒的内侧就不会像外侧摇臂一样干涉滚筒装煤的通道,最大限度地提高采煤机的装煤效率;截齿链的另外一个作用是在滚筒内侧截割煤岩,这时候它又起到了滚筒端盘的作用。截齿链承担着截割部的两个主要功能,所以有必要对它的力学特性进行深入研究。

图 2.26　复合滚筒结构

2.3.2 截齿链临界点拉力计算

截齿链以从动链轮截割煤岩,与普通链传动运动状况相同,啮入主动链轮的边是紧边,啮出主动链轮的边是松边,紧边受到减速机构推动链轮给予链条的有效圆周力 F、松边垂度引起的张力 F_f、因离心力作用而产生的链条张力 F_c 以及链条因运转不均匀而产生的动载荷 F_d;松边则只受松边垂度引起的张力 F_f、因离心力作用而产生的链条张力 F_c 作用。

对于截割煤岩时的截齿链,可以算得刚啮入主、从动链轮时,图 2.27 中截齿链临界点拉力有

$$F_1 = F_f + F_c$$
$$F_2 = F_f + F_c$$
$$F_3 = F + F_f + F_c + F_d$$
$$F_4 = F + F_f + F_c + F_d$$

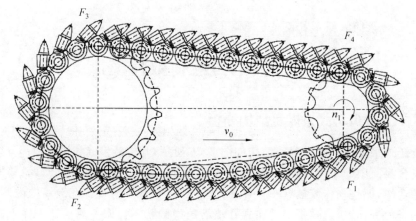

图 2.27 截齿链

2.3.3 截齿链受力分析

1. 截齿链紧边与松边受力分析

当链节既不与主动链轮接触,又不与从动链轮接触时,即链节位于链传动系统紧边或松边位置上,忽略链节本身重力,对于单个链板来说,其所受的力为前一销轴和后一销轴对它的拉力,且两个拉力大小相等、方向相反,力的作用线均位于此链板销轴孔中心连线上。故有链节位于松边时,这两个拉力均为 F_1,其受力情况如图 2.28 所示。当链节位于紧边时,其受力情况与松边相同,只是大小为 F_3。

2. 截齿链主动轮啮合区受力分析

主动轮上面的截齿链不截割煤岩,其上的单个链板所受的作用力与紧边和松边所受的作用力相似,为一对大小相等、方向相反的力,且力的作用线均位于此链板销轴孔中心连线上。截齿链在主动轮处啮入链节的力平衡如图 2.29 所示。

由于滚子与齿廓基本上为滚动摩擦,故分析时略去摩擦力不计。当主动轮开始转动

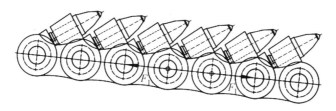

图 2.28　截齿链紧边

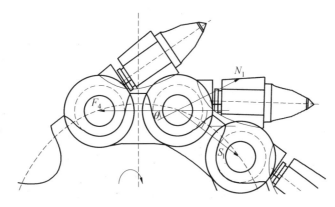

图 2.29　主动轮截齿链啮入链节的力平衡

时,该链节上的滚子与链轮轮齿的接触点首先由齿廓底部移动到齿廓腰部。取链节 A 为分离体,由于紧边张力 F_4 与法相作用力 N_1 作用的结果,因此必然要推滚子沿着齿廓上移。当滚子上移时,前已啮入的相邻链节的张力 S_1 也逐渐增加,直到作用在这一分离体上的三个作用力 F_4、S_1、N_1 取得平衡为止,根据静力平衡条件有

$$S_1 = F_4 \frac{\sin \lambda}{\sin\left(\dfrac{360^\circ}{z} + \lambda\right)}$$

$$N_1 = F_4 \frac{\sin \dfrac{360^\circ}{z}}{\sin\left(\dfrac{360^\circ}{z} + \lambda\right)}$$

式中　　F_4—— 紧边张力,N;

　　　　S_1—— 前一链节的张力,N;

　　　　N_1—— 轮齿作用于链节的法向力,N;

　　　　z—— 链轮齿数;

　　　　λ—— 链条滚子与链轮接触点处的作用角,(°)。

由上述公式计算出经轮齿后,链节张力的衰减量为

$$\Delta S = F_4 - S_1 = F_4 \left[1 - \frac{\sin \lambda}{\sin(360^\circ/z + \lambda)}\right] \tag{2.81}$$

式(2.81) 中,ΔS 在一定程度上反映了轮齿传递有效圆周力的能力,其余各齿也是类似。作用角 λ 越大,轮齿传递有效圆周力的能力越弱。上述链节的滚子上移而最终达到平衡的过程,不是孤立地进行的。因为围在链轮上的每个链节均存在类似的受力状态,所以只有逐个达到平衡后,滚子上移才真正停止。若忽略摩擦力及离心力,则从啮入点数起

的第 i 个链节上的张力 S_i 和工作面法向作用力 N_i 为

$$S_i = F_4 \left[\frac{\sin \lambda}{\sin (360°/z + \lambda)} \right]^i \tag{2.82}$$

$$N_i = F_4 \left[\frac{\sin \lambda}{\sin (360°/z + \lambda)} \right]^{i-1} \frac{\sin \dfrac{360°}{z}}{\sin \left(\dfrac{360°}{z} + \lambda \right)} \tag{2.83}$$

同样,若从松边张力 F_1 开始分析,也存在同样的规律,即在啮合区范围内,沿松边向紧边方向各链节的力逐渐减小。设 S_j 为由松边处啮合点往紧边方向的第 j 个链节的张力,N_j 为此链节所受法向作用力,则有

$$S_j = F_1 \left[\frac{\sin \lambda}{\sin (360°/z + \lambda)} \right]^j \tag{2.84}$$

$$N_j = F_1 \left[\frac{\sin \lambda}{\sin (360°/z + \lambda)} \right]^{j-1} \frac{\sin \dfrac{360°}{z}}{\sin \left(\dfrac{360°}{z} + \lambda \right)} \tag{2.85}$$

主动链轮齿数 $z_1 = 9$,作用角 $\lambda = 12°$,啮合区齿数为 7。由于啮合区两端至啮合区中间受力都是逐渐减小,因此,在啮合区中间必定有一个齿节受力最小。

2.3.4　截齿链从动轮啮合区受力分析

从动轮上面的截齿链因为截齿参与截割煤岩,故其受力状况较为复杂。截齿链紧边啮入从动轮处链节的力平衡如图 2.30 所示。

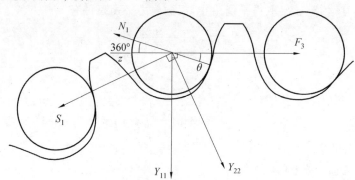

图 2.30　从动轮截齿链啮入链节的力平衡

与主动轮的啮合区相比,截齿链带动从动轮开始转动时,由于存在截割煤岩作用,因此产生了附加阻力。同样取链节 A 为分离体,由于紧边张力 F_3 与法相作用力 N_1 作用的结果,因此必然要推滚子沿着齿廓上移。当滚子上移时,前已啮入的相邻链节的张力 S_1 也逐渐增加,直到作用在这一分离体上的作用力 F_3、S_1、N_1、Y_{21}、Y_{12} 取得平衡为止,根据静力平衡条件有

$$S_1 = \frac{F_3 \sin \lambda - Y_{21} \cos \lambda - Y_{12} \cos \left(\dfrac{360°}{z} + \lambda \right)}{\sin \left(\dfrac{360°}{z} + \lambda \right)}$$

$$N_1 = \frac{F_3 \sin \dfrac{360^\circ}{z} + Y_{21} \cos \dfrac{360^\circ}{z} + Y_{12}}{\sin\left(\dfrac{360^\circ}{z} + \lambda\right)}$$

式中　　F_3 —— 张力，N；

　　　　S_1 —— 前一链节的张力，N；

　　　　N_1 —— 轮齿作用于链节的法向力，N；

　　　　Y_{12} —— 前一链节所受径向载荷在链节上的分力，N；

　　　　Y_{21} —— 后一链节所受径向载荷在链节上的分力，N。

从动轮链节的滚子达到平衡的过程与主动轮相似，只是由于截割阻力的存在，链节张力衰减得更为迅速。若忽略摩擦力及离心力，则从啮入点数起的第 $i+1$ 个链节上的张力 S_{i+1} 和工作面法向作用力 N_{i+1} 为

$$S_{i+1} = \frac{(S_i - F_{x1}) \sin \lambda - Y_{(i+2)1} \cos \lambda - Y_{(i+1)2} \cos\left(\dfrac{360^\circ}{z} + \lambda\right)}{\sin\left(\dfrac{360^\circ}{z} + \lambda\right)} \tag{2.86}$$

$$N_{i+1} = \frac{(S_i - F_{x1}) \sin \dfrac{360^\circ}{z} + Y_{(i+2)1} \cos \dfrac{360^\circ}{z} + Y_{(i+1)2}}{\sin\left(\dfrac{360^\circ}{z} + \lambda\right)} \tag{2.87}$$

而对于松边，截割阻力则与链节张力方向相同，此时有

$$S_j = \frac{(S_{j+1} + F_{x1}) \sin \lambda - Y_{(j+2)1} \cos \lambda - Y_{(j+1)2} \cos\left(\dfrac{360^\circ}{z} + \lambda\right)}{\sin\left(\dfrac{360^\circ}{z} + \lambda\right)} \tag{2.88}$$

$$N_j = \frac{(S_{j+1} + F_{x1}) \sin \dfrac{360^\circ}{z} + Y_{(j+2)1} \cos \dfrac{360^\circ}{z} + Y_{(j+1)2}}{\sin\left(\dfrac{360^\circ}{z} + \lambda\right)} \tag{2.89}$$

从动链轮齿数 $z_2 = 13$，作用角 $\lambda = 16^\circ$，啮合区齿数为 7。由于啮合区两端至啮合区中间受力都是逐渐减小，因此，在啮合区中间必定有一个齿节受力最小。

2.3.5　镐型截齿三向载荷谱特性的模拟仿真

截齿链用镐型截齿的安装参数主要包括轴向倾斜角 θ 和切向安装角 β，合理确定镐型截齿的安装参数对于截齿链的受力和整机的受力都有很重要的影响。同时，为了改善受力状况，减小截线距，截齿链上面截齿的轴向倾斜角 θ 大部分都不为零。对于 $\theta = 0^\circ$ 的镐型截齿，国内外学者进行了大量研究，取得了诸多研究成果，但是对于 $\theta \neq 0^\circ$ 的截齿，目前的研究尚不够深入。因此，本章的主要内容就是利用 ABAQUS 有限元仿真软件对截齿截割煤岩进行模拟仿真，研究截齿三向载荷与轴向倾斜角 θ 的关系以及轴向倾斜角 $\theta \neq 0^\circ$ 时截齿三向载荷与切向安装角 β 的关系，进而为截齿链上镐型截齿的安装提供参考。截齿和煤岩建立的有限元模型如图 2.31 所示。

图 2.31 截齿和煤岩建立的有限元模型

为简化模型,减少仿真模拟的时间,截齿截割的时间选择为0.1 s,且选择煤岩最大切削厚度附近进行仿真模拟。在对截齿不同轴向倾斜角 θ 进行模拟时,设定截齿的滚筒转速为 40.8 r/min,牵引速度为 0.816 m/min,最大切削厚度为 20 mm,截齿切向安装角 β 为40°,轴向倾斜角 θ 分别为0°、5°、10°、15°。在对截齿不同切向安装角 β 进行模拟时,设定截齿的滚筒转速为 40.8 r/min,牵引速度为 0.612 m/min,最大切削厚度为 15 mm,截齿轴向倾斜角 θ 为15°,切向安装角 β 分别为35°、40°、45°。然后利用ABAQUS/Explicit求解器进行镐型截齿截割煤岩的动力学仿真。

2.3.6 不同轴向倾斜角 θ 的仿真结果

1. 轴向载荷仿真结果

图 2.32 为模拟仿真得到的截齿截割煤岩轴向载荷谱,对其进行快速傅里叶(FFT)变换,得到其频谱图如图 2.33 所示。

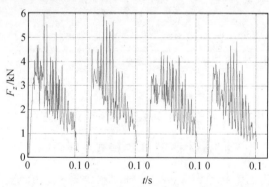

图 2.32 不同轴向倾斜角下的仿真轴向载荷

由图 2.33 可知,四组载荷频谱图极为相似,其频率为 0 Hz 的直流分量幅值接近,高频段的幅值基本上还集中在 0.2 kN 以内。为此用统一分解尺度对截齿仿真轴向载荷进行高通与低通的滤波处理,分别得出轴向载荷在时域上高频曲线与低频实验曲线及其拟合曲线如图 2.34 和图 2.35 所示。

由图 2.33 可以看出,截齿仿真轴向载荷在高频段的幅值相对稳定且仍旧为正负交错变化;因为仿真实验中煤壁仅为截割实验煤壁弧长的 1/7,所以对于截齿来说,其切削厚

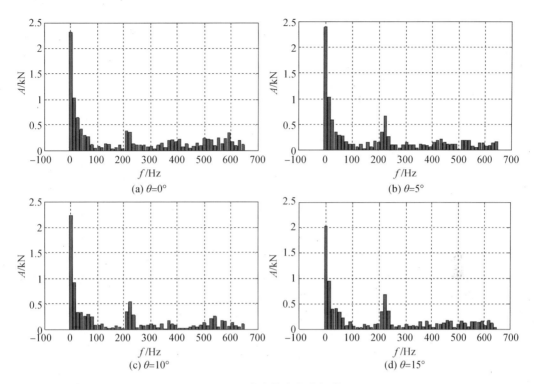

图 2.33　仿真轴向载荷频谱

度变化不大,因此对于其低频段轴向载荷曲线,用其均值进行拟合,结果如图 2.35 所示,轴向载荷在低频段的幅值随着轴向倾斜角 θ 的增加,其幅值较为稳定。

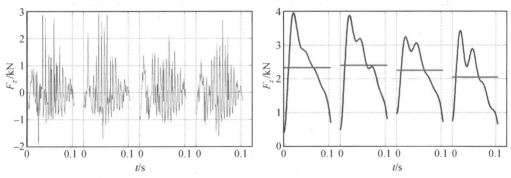

图 2.34　仿真高频段轴向载荷谱　　　　图 2.35　仿真低频段轴向载荷谱

2. 径向载荷仿真结果

图 2.36 为模拟仿真得到的截齿截割煤岩径向载荷谱,对其进行 FFT 变换,得到其频谱图如图 2.37 所示。

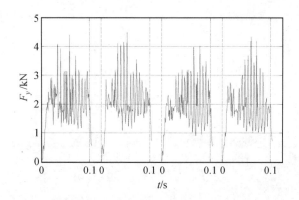

图 2.36　不同径向倾斜角下的仿真径向载荷

从图 2.37 可知,四组载荷频谱图极为相似,其频率为 0 Hz 的直流分量幅值接近,高频段的幅值基本上还集中在 0.2 kN 以内。为此用统一分解尺度对截齿仿真径向载荷进行高通与低通的滤波处理,分别得出径向载荷在时域上高频曲线与低频实验曲线及其拟合曲线如图 2.38 和图 2.39 所示。

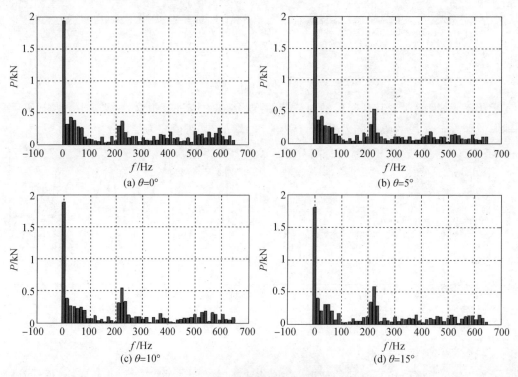

图 2.37　仿真径向载荷频谱

由图 2.38 可以看出,截齿仿真径向载荷在高频段的幅值相对稳定且仍旧为正负交错变化;因为仿真实验中煤壁仅为截割实验煤壁弧长的 1/7,所以对于截齿来说,其切削厚度变化不大,因此对于其低频段径向载荷曲线,用其均值进行拟合,结果如图 2.39 所示,径向载荷在低频段的幅值随着轴向倾斜角的增加,其幅值较为稳定。

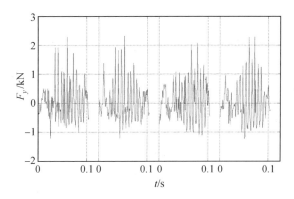

图 2.38　仿真高频段径向载荷谱

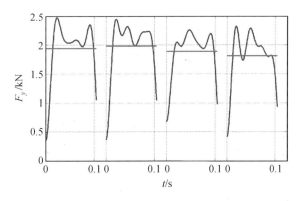

图 2.39　仿真低频段径向载荷谱

3. 侧向载荷仿真结果

图 2.40 为模拟仿真得到的截齿截割煤岩侧向载荷谱,对其进行 FFT 变换,得到其频谱图如图 2.41 所示。

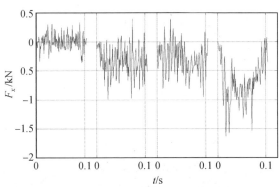

图 2.40　不同轴向倾斜角下的仿真侧向载荷

从图 2.41 可知,轴向倾斜角度为 0° 的截齿,其侧向载荷幅值在整个频域内均小于 0.2 kN;而当轴向倾斜角度开始增加时,截齿侧向载荷在低频段的幅值开始增加,特别是频率为 0 Hz 的直流分量值随着轴向倾斜角度的增加,增加量越大;而高频段的幅值基本上还集中在 0.2 kN 以内。为此用统一分解尺度对截齿仿真侧向载荷进行高通与低通的滤波处理,分别得出侧向载荷在时域上高频曲线与低频实验曲线及其拟合曲线如图 2.42 和图 2.43 所示。

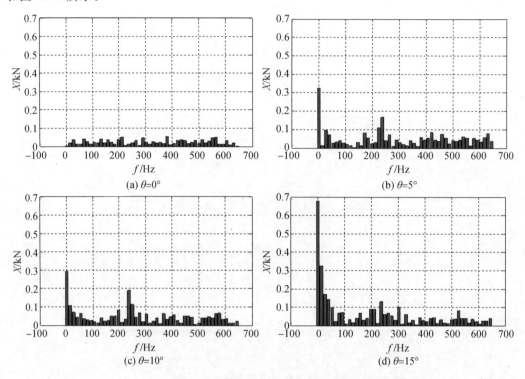

(a) $\theta=0°$ (b) $\theta=5°$

(c) $\theta=10°$ (d) $\theta=15°$

图 2.41   仿真高频段侧向载荷频谱

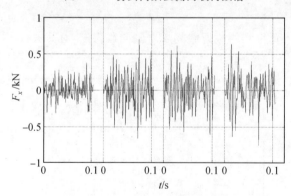

图 2.42   仿真高频段侧向载荷谱

由图 2.42 可以看出,截齿仿真侧向载荷在高频段的幅值相对稳定且仍旧为正负交错变化;因为仿真实验中煤壁仅为截割实验煤壁弧长的 1/7,所以对于截齿来说,其切削厚度变化不大,因此对于其低频段侧向载荷曲线,用其均值进行拟合,结果如图 2.43 所示,侧向载荷在低频段的幅值随着轴向倾斜角的增加,由 0° 时的正负交替变化,向着与轴向倾斜角的方向相同的方向变化,且幅值也相应地增大。

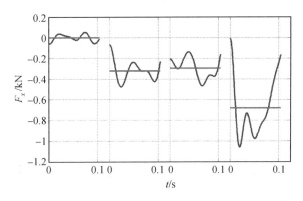

图 2.43　仿真低频段侧向载荷谱

2.4　滚筒载荷数值模拟

截齿的工况比较复杂,其受截割阻力、推进阻力和侧向阻力三向随机波动载荷,为了使截齿高效破碎煤岩,避免齿体和齿座参与截割,截齿在安装过程中需要选择合适的角度。采用数值模拟的方法通过合理地选择参数,获取截齿截割煤岩过程中截齿的截割阻力及相关的力学参数,利用 ABAQUS 软件模拟不同工况下的截齿截割煤岩的动态过程,获得不同工作和结构参数对截齿截割性能的影响。

2.4.1　截齿平面截割的数值模拟

假定煤岩材料是各向同性、均匀连续的,且假设截齿破碎煤岩过程分为弹性阶段形变、塑性阶段形变和破碎。采用扩展的线性 Drucker－Prager 塑性本构,基于等效塑性应变和耗散能的煤岩破坏准则,来模拟镐型截齿破碎煤岩的动态过程。

1. 截割煤岩的数值模型

ABAQUS 相比于 ANSYS、ADINA、MSC 等有限元软件更适合处理非线性问题,本节根据岩石力学、煤岩破碎学及有限元理论,采用 ABAQUS/Explicit 模拟研究镐型截齿截割煤岩过程的力学特性。镐型截齿直线截割煤岩的有限元模型如图 2.44 所示。截齿参数见表 2.2。

图 2.44　镐型截齿直线截割煤岩的有限元模型

表 2.2　截齿参数

序号	长度 /mm	合金头直径 /mm	锥角 /(°)	安装角 /(°)	齿柄直径 /mm
No.1	154	18	70	40	30
No.2	154	18	70	45	30
No.3	154	18	76	40	30
No.4	154	18	76	45	30

2. 仿真结果分析

镐型截齿截割煤岩时截齿与煤岩作用下截齿的应力云图如图 2.45 所示。图 2.45(a)、(b)、(c) 分别为截齿截割煤岩过程的应力云图,截割瞬间截齿合金头的应力云图,以及截齿齿体与合金头连接处的应力云图。

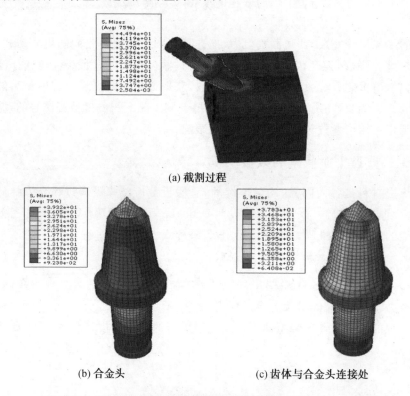

(a) 截割过程

(b) 合金头　　　　　(c) 齿体与合金头连接处

图 2.45　镐型截齿截割煤岩时截齿与煤岩作用下截齿的应力云图

由图 2.45 可看出,截割瞬间合金头顶端产生应力集中,这是齿尖磨钝的主要原因。随着接触面积的逐渐增大,齿尖与齿身焊接处应力明显增大,该处长时间受较大应力,会加剧磨损,使焊缝开裂,导致合金头松脱,致使合金头丢失。截割过程中与齿座配合的齿体有局部应力产生,原因是截齿截割煤岩时齿尖受波动载荷致使齿体后端弯曲,载荷冲击强烈可能会导致齿体折断。随着煤岩的崩落,截齿的动态应力不断交替变化,截齿的疲劳强度降低,因而降低了截齿的使用寿命和可靠性。

2.4.2　对比分析

在齿尖建立三维坐标系以输出截齿截煤的三向力,反映截齿受载情况。其中,截割阻力沿截尖运动轨迹的切线方向,推进阻力沿齿尖运动轨迹的法线方向,侧向阻力沿截槽横截面方向,截割煤岩过程的三向载荷曲线(截齿参数对应表 2.2),以及按照理论模型公式计算得出的截割阻力如图 2.46 所示。

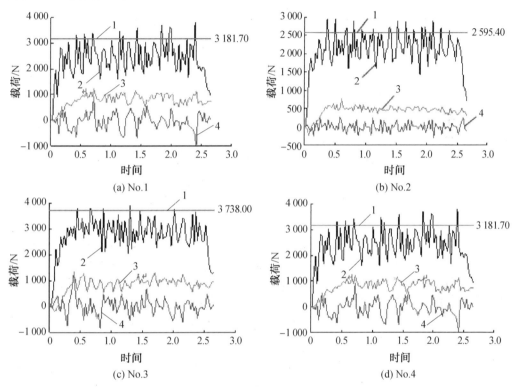

图 2.46　直线截割的载荷曲线

1— 理论值;2— 截割阻力;3— 推进阻力;4— 侧向阻力

图 2.46(a)、(b)、(c)、(d) 中的曲线 1 为理论值曲线,曲线 2 为截割阻力曲线,曲线 3 为推进阻力曲线,曲线 4 为侧向阻力曲线。从图 2.46 中可以看出,截齿截割煤岩过程中的三向载荷伴有明显的纵向振动,均呈现出不规则的波动变化趋势。随着加载时间的增大,截割阻力值波动较为剧烈,呈现一定的随机性。截割阻力的变化频率与煤岩的崩落频率相等,随着煤岩的剥落,截割阻力突然减小,截齿继续向前进给,截割阻力又增大,直到又发生小块煤岩剥落,又使截割阻力下降。截割阻力的增大减小是重复交替出现的,与截齿的几何形状、煤岩性质及切削厚度有关。侧向阻力沿 Y 轴正、负半轴波动,这是由于截齿侧面与煤岩接触时发生强烈挤压,两侧煤岩不同时崩落,使得截齿两侧受力不等,从而产生侧向阻力差值,出现方向交变现象。煤岩的崩落导致截齿的三向力发生突变,煤岩崩落过程呈跃进性,截齿所受载荷不仅受煤质随机性的影响,同时还受煤岩崩落随机性的影响。截割阻力峰值点的平均值与理论模型分析计算所得的截割阻力值进行比较,发现模

拟仿真值与理论计算值有较好的吻合度,误差精度在 10％ 以内。

1. 安装角和截齿锥角对截割阻力的影响

为研究安装角 β'、截齿锥角 α' 对截割阻力 Z 的影响规律,引入截割阻力平均变化梯度 $\Delta Z/\Delta \alpha'$、$\Delta Z/\Delta \beta'$,绘制理论和仿真结果如图 2.47 所示。

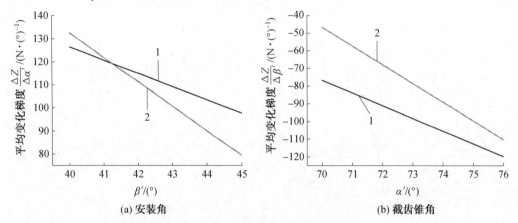

图 2.47　截割阻力平均变化梯度曲线
1— 理论值;2— 仿真值

图 2.47(a) 所示为截割阻力平均变化梯度随安装角的变化规律,图 2.47(b) 所示为截割阻力平均变化梯度随截齿锥角的变化规律。图中的曲线 1 为理论得出的平均变化梯度曲线,曲线 2 为仿真得出的平均变化梯度曲线。由图 2.47(b) 可知,截齿锥角在 70° ～ 76° 范围内,截割阻力随截齿锥角的增大而增大,当 $\beta'=40°$ 时,随着 α' 的增大,截割阻力变化梯度 $(\Delta Z/\Delta \alpha')\big|_{\beta'=40°}=132.55\ \text{N/(°)}$(仿真),$(\Delta Z/\Delta \alpha')\big|_{\beta'=40°}=126.48\ \text{N/(°)}$(理论);当 $\beta'=45°$ 时,随着 α' 的增大,截割阻力平均变化梯度 $(\Delta Z/\Delta \alpha')\big|_{\beta'=45°}=79.51\ \text{N/(°)}$(仿真),$(\Delta Z/\Delta \alpha')\big|_{\beta'=45°}=97.72\ \text{N/(°)}$(理论),平均变化梯度随安装角的增大而减小。由图 2.47(a) 可知,安装角在 40° ～ 45° 范围内,截割阻力随安装角的增大而减小,当 $\alpha'=70°$ 时,随着 β' 的增大,截割阻力平均变化梯度 $(\Delta Z/\Delta \beta')\big|_{\alpha'=70°}=46.65\ \text{N/(°)}$(仿真),$(\Delta Z/\Delta \beta')\big|_{\alpha'=70°}=-76.74\ \text{N/(°)}$(理论);当 $\alpha'=76°$ 时,随着 β' 的增大,截割阻力平均变化梯度 $(\Delta Z/\Delta \beta')\big|_{\alpha'=76°}=-110.29\ \text{N/(°)}$(仿真),$(\Delta Z/\Delta \beta')\big|_{\alpha'=76°}=-119.86\ \text{N/(°)}$(理论),平均变化梯度绝对值随截齿锥角的增大而增大。

2. 安装角和截齿锥角对推进阻力的影响

为研究安装角、截齿锥角对推进阻力 Y 的影响规律,绘制推进阻力平均变化梯度曲线如图 2.48 所示。

图 2.48(a) 所示为推进阻力平均变化梯度随安装角的变化规律,图 2.48(b) 所示为推进阻力平均变化梯度随截齿锥角的变化规律。结果表明,推进阻力随截齿锥角的增大幅值明显增大,当 $\beta'=40°$ 时,随着 α' 的增大,推进阻力平均变化梯度 $(\Delta Y/\Delta \alpha')\big|_{\beta'=40°}=116.23\ \text{N/(°)}$;当 $\beta'=45°$ 时,随着 α' 的增大,推进阻力平均变化梯度 $(\Delta Y/\Delta \alpha')\big|_{\beta'=45°}=92.79\ \text{N/(°)}$,平均变化梯度随安装角的增大而减小。推进阻力随安装角的增大而减小,安装角对推进阻力大小的影响不明显。当 $\alpha'=70°$ 时,随着 β' 的增大,推进阻力平均变化

梯度 $(\Delta Y/\Delta\beta')\big|_{\alpha'=70°}=-5.67$ N/(°)；当 $\alpha'=76°$ 时，随着 β' 的增大，推进阻力平均变化梯度 $(\Delta Y/\Delta\beta')\big|_{\alpha'=76°}=-33.81$ N/(°)，平均变化梯度绝对值随锥角的增大而增大。

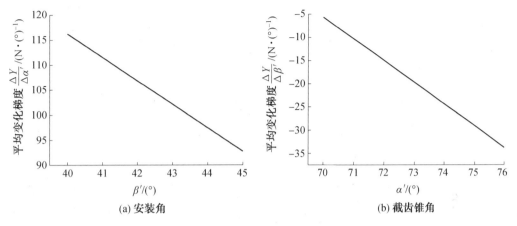

(a) 安装角　　　　　　　　　　　(b) 截齿锥角

图 2.48　推进阻力平均变化梯度曲线

对推进阻力与截割阻力的比值 k' 随安装角和截齿锥角的变化规律进行研究。结果表明，实验研究范围内，k' 取值范围为 $0.18\sim0.34$，k' 随安装角、截齿锥角的增大而增大，且平均梯度均呈减小趋势，$(\Delta k'/\Delta\alpha')\big|_{\beta'=40°}=0.025$ N/(°)，$(\Delta k'/\Delta\alpha')\big|_{\beta'=45°}=0.024$ N/(°)，$(\Delta k'/\Delta\beta')\big|_{\alpha'=70°}=0.0022$ N/(°)，$(\Delta k'/\Delta\beta')\big|_{\alpha'=76°}=0.0008$ N/(°)。比值较小的原因是模拟仿真中设定的截割速度较小，仅为 50 mm/s，这种缓慢的推进不足以使齿积累足够的推进阻力，往往是截齿磨煤岩。

3. 安装角和截齿锥角对侧向阻力的影响

为研究安装角和截齿锥角对侧向阻力 X 的影响规律，绘制侧向阻力平均变化梯度曲线如图 2.49 所示。

图 2.49(a) 所示为侧向阻力平均变化梯度随安装角的变化规律，图 2.49(b) 所示为侧向阻力平均变化梯度随截齿锥角的变化规律。结果表明，侧向阻力随截齿锥角的增大而增大，当 $\beta'=40°$ 时，随着 α' 的增大，侧向阻力平均变化梯度 $(\Delta X/\Delta\alpha')\big|_{\beta'=40°}=41.98$ N/(°)；当 $\beta'=45°$ 时，随着 α' 的增大，侧向阻力平均变化梯度 $(\Delta X/\Delta\alpha')\big|_{\beta'=45°}=56.17$ N/(°)，平均变化梯度随安装角的增大而增大。侧向阻力随安装角的增大而减小，当 $\alpha'=70°$ 时，随着 β' 的增大，侧向阻力平均变化梯度 $(\Delta X/\Delta\beta')\big|_{\alpha'=70°}=-28.09$ N/(°)；当 $\alpha'=76°$ 时，随着 β' 的增大，侧向阻力平均变化梯度 $(\Delta X/\Delta\beta')\big|_{\alpha'=76°}=-11.06$ N/(°)，平均变化梯度绝对值随锥角的增大而减小。

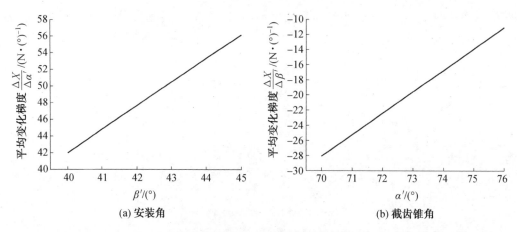

(a) 安装角   (b) 截齿锥角

图 2.49　侧向阻力平均变化梯度曲线

对截齿三向载荷进行统计分析,结果见表 2.3。

表 2.3　截齿三向载荷统计值

序号	统计值	截割阻力/N	推进阻力/N	侧向阻力/N
No.1	最大值	3 290.47	596.27	486.74
	均值	2 273.63	317.87	−0.81
	均方差	576.92	178.66	192.05
No.2	最大值	2 969.89	768.69	255.64
	均值	2 090.41	429.02	−7.48
	均方差	542.63	161.30	125.40
No.3	最大值	3 907.16	1 306.29	1 359.49
	均值	2 738.54	821.39	17.69
	均方差	734.61	314.41	327.89
No.4	最大值	3 800.14	1 235.70	924.53
	均值	2 356.03	766.59	−37.15
	均方差	705.63	265.38	318.49

　　由表 2.3 中统计值可知,截齿截割过程中所受的截割阻力均值和最大值最大,推进阻力次之,侧向阻力最小。随着安装角的增大(由 40°增至 45°),截割阻力均值减小,推进阻力均值和侧向阻力均值有时增大有时减小;截割阻力、推进阻力和侧向阻力的均方差均减小。随着截齿锥角的增大(由 70°增至 76°),三向载荷的均值、均方差均增大。而载荷波动大小是侧向阻力最大,推进阻力次之,截割阻力最小。随着安装角、截齿锥角的增大,截割阻力载荷波动增大,推进阻力载荷系数减小,侧向阻力载荷波动有时增大有时减小。

2.4.3　截齿旋转截割煤岩的数值模拟

　　建立镐型截齿旋转截割煤岩的数值模拟有限元模型。其中镐型截齿的锥角为 80°,

煤岩截面沿截割轨迹方向曲线弧长 202 mm。在分析步模块中设置时间为 0.076 s。在接触模块中将滚筒中心点与截齿齿体进行点面耦合。在载荷模块中设置固定煤岩位置的边界条件,给定滚筒转速为 59.8 r/min,牵引速度为 2 m/min。在网格模块中划分六面体网格,模型如图2.50所示。

图 2.50　镐型截齿旋转截割煤岩的有限元模型

1. 切向安装角对截割性能的影响

对截齿的圆周切向安装角进行模拟实验研究,截齿安装角分别为 40°、45° 和 50°,实验条件为:煤壁抗压强度为 30 MPa,滚筒转速为 59.8 r/min,牵引速度初始值为 2.0 m/min,截齿锥角为 80°,切削厚度为 10 mm。不同截齿圆周切向安装角的三向载荷曲线如图 2.51 所示。

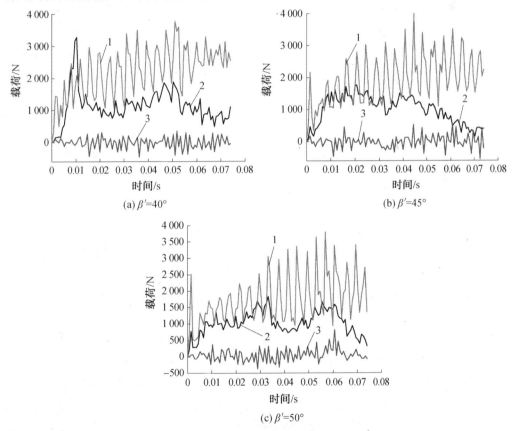

图 2.51　不同截齿圆周切向安装角的三向载荷曲线
1—截割阻力;2—推进阻力;3—侧向阻力

图 2.51 中的曲线 1 为截割阻力曲线,曲线 2 为推进阻力曲线,曲线 3 为侧向阻力曲线。从图 2.51 中可以看出,截齿截割煤岩过程中的三向载荷均呈现出不规则的波动变化趋势,伴有明显的纵向振动。随着加载时间的增大,截割阻力值逐渐增大而后减小,这是

因为截齿截割过程中,边绕着滚筒轴线旋转边沿着水平方向向前进给运动,截齿的运动轨迹类似摆线,切削厚度由小变大而后再变小。切向安装角为 40°,推进阻力在 0.01 s 时,达到最大值 3 276 N,而后幅值降低,说明此时推进煤岩的横向力较大。侧向阻力沿 Y 轴正向、负向波动,这与截割时截齿两侧煤岩不同时崩落产生的侧向阻力差值有关。

对截齿的三向载荷仿真实验值进行统计分析,以研究截齿圆周切向安装角对截齿三向力的影响及其相互关系,结果见表 2.4。

表 2.4 不同切向安装角对截齿三向载荷的影响

切向安装角/(°)	统计值	截割阻力/N	推进阻力/N	侧向阻力/N
40	最大值	3 772.07	3 276.39	345.70
	均值	2 214.65	1 120.38	−11.00
	均方差	757.88	517.55	178.23
45	最大值	3 992.21	1 985.39	374.80
	均值	1 888.65	986.14	0.64
	均方差	778.85	455.64	176.89
50	最大值	3 790.66	1 832.84	813.53
	均值	1 725.96	1 011.61	49.22
	均方差	737.46	361.37	190.82

从表 2.4 中可以看出,截齿截割阻力均大于推进阻力和侧向阻力。截割阻力最大,其次是推进阻力,侧向阻力最小。在仿真研究 $\beta' = 40° \sim 50°$ 范围内,截割阻力最大值、均方差随着截齿圆周切向安装角的增大先增大后减小,均值随着截齿圆周切向安装角的增大而减小。推进阻力最大值、均方差随着截齿圆周切向安装角的增大而减小,推进阻力均值随着截齿圆周切向安装角的增大先增大后减小。侧向阻力最大值、均值随着截齿圆周切向安装角的增大而增大,侧向阻力均方差随着截齿圆周切向安装角的增大先减小后增大。综上分析,圆周切向安装角取 50°时,截齿的截割效率最高,载荷波动最小,这是因为截割过程中,楔入煤岩的纵向力与推进煤岩的横向力分配合理,既提高了煤岩破碎的能力,也增大了使煤岩剥落的概率。因此,为减小煤岩对截割滚筒的冲击,使采煤机运行平稳,在设计安装滚筒截齿时应选择较大的圆周切向安装角。

2. 轴向倾斜角对截割性能的影响

对截齿的轴向倾斜角进行模拟实验研究,角度分别为 5°、10°和 15°,实验条件为:煤壁抗压强度为 30 MPa,滚筒转速为 59.8 r/min,牵引速度初始值为 2.0 m/min,截齿锥角为 80°,圆周切向安装角为 45°。不同截齿轴向倾斜角的三向载荷曲线如图 2.52 所示。

图 2.52 中的曲线 1 为截割阻力曲线,曲线 2 为推进阻力曲线,曲线 3 为侧向阻力曲线。从图 2.52 中可以看出,随着轴向倾斜角的增大,截齿截割阻力和推进阻力的幅值略有变化,均值浮动不大,而最大值随之增大相对明显。轴向倾斜角为 15°时,推进阻力在 0.01 s 处达到最大值然后下降。轴向倾斜角为 5°和 10°时,侧向阻力沿 Y 轴正向、负向波动,说明截割时截齿两侧煤岩不同时崩落,产生了侧向阻力差值,15°时侧向阻力先是沿着

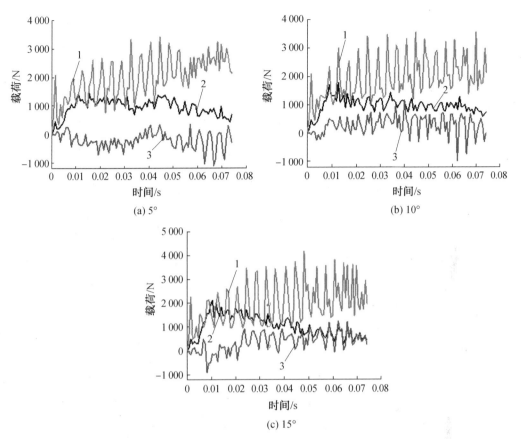

图 2.52   不同截齿轴向倾斜角的三向载荷曲线
1—截割阻力;2—推进阻力;3—侧向阻力

Y 轴正、负向波动,0.044 s 后沿着 Y 轴正向波动,说明随着时间的增大,截齿单侧受力现象明显。

为研究截齿轴向倾斜角对截齿三向载荷的影响及其相互关系,对截齿的三向载荷仿真实验值进行统计分析,其结果见表 2.5。

表 2.5   不同轴向倾斜角的截齿三向载荷统计值

轴向倾斜角/(°)	统计值	截割阻力/N	推进阻力/N	侧向阻力/N
	最大值	3 409.55	1 439.50	352.69
5	均值	1 962.80	937.46	−205.88
	均方差	733.29	302.33	290.06
	最大值	3 552.69	1 792.64	1 149.89
10	均值	1 907.05	954.96	266.63
	均方差	738.28	281.74	347.37

续表 2.5

轴向倾斜角/(°)	统计值	截割阻力/N	推进阻力/N	侧向阻力/N
	最大值	4 179.60	2 122.27	1 236.03
15	均值	1 954.41	1 034.85	366.12
	均方差	905.43	462.10	412.33

从表 2.5 中可以看出,在仿真研究 5°～15°范围内的轴向倾斜角时,截割阻力最大值、均方差均随着截齿轴向倾斜角的增大而增大,均值随着截齿轴向倾斜角的增大先减小后增大,在 10°时截割阻力均值有极小值 1 907.05 N,波动比 5°时略微剧烈,幅度不超过 0.7%。推进阻力最大值、均值均随着截齿轴向倾斜角的增大而增大,均方差随着截齿轴向倾斜角的增大先减小后增大。侧向阻力最大值、均值、均方差均随着截齿轴向倾斜角的增大而增大。轴向倾斜角的改变对侧向阻力的影响较大,随着角度的增大,侧向阻力波动越来越剧烈。综上分析,轴向倾斜角取 10°时,截齿截割效率最高,且载荷波动较小。

3. 二次旋转角对截割性能的影响

对截齿的二次旋转角进行模拟实验研究,角度分别为 0°和 5°,实验条件为:煤壁抗压强度为 30 MPa,滚筒转速为 59.8 r/min,牵引速度初始值为 2.0 m/min,截齿锥角为 80°,圆周切向安装角为 45°,轴向倾斜角为 0°和 5°。不同截齿轴向倾斜角的三向载荷曲线如图 2.53 所示。

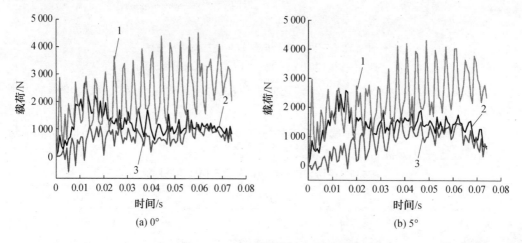

图 2.53　不同二次旋转角的三向载荷曲线
1—截割阻力;2—推进阻力;3—侧向阻力

图 2.53 中的曲线 1 为截割阻力曲线,曲线 2 为推进阻力曲线,曲线 3 为侧向阻力曲线。从图 2.53 中可以看出,截齿截割阻力波动变化不规则,且伴有明显的纵向振动,呈现一定的随机性。推进阻力在 0.012 6 s(0°)、0.015 5 s(5°)时分别达到最大值 2 680.5 N 和 2 585.2 N,而后幅值呈减小趋势。截齿接触煤岩瞬间侧向阻力沿 Y 轴正向、负向波动,0.012 s 后均沿着 Y 轴正向波动,说明截齿截割煤岩时,一侧煤岩崩落容易,另一侧崩落困难,截齿受单侧力现象明显。

为研究截齿二次旋转角对截齿三向载荷的影响及其相互关系,对截齿的三向载荷仿真实验值进行统计分析,其结果见表 2.6。

表 2.6　不同二次旋转角的截齿三向载荷统计值

二次旋转角/(°)	统计值	截割阻力/N	推进阻力/N	侧向阻力/N
	最大值	4 522.83	2 680.53	1 606.93
0	均值	2 247.27	1 193.29	672.81
	均方差	993.63	471.05	349.03
	最大值	4 306.23	2 585.25	1 770.70
5	均值	2 294.29	1 384.00	814.91
	均方差	894.07	438.71	470.44

从表 2.6 中可以看出,截齿截割阻力均大于推进阻力和侧向阻力。截割阻力最大,其次是推进阻力,侧向阻力最小。在仿真研究 0°~5°范围内的二次旋转角时,截割阻力最大值、均方差均随着截齿二次旋转角的增大而减小。截割阻力均值随着截齿二次旋转角的增大而增大,幅值变化为 2.1%。推进阻力最大值、均方差均随着截齿二次旋转角的增大而减小,推进阻力均值随着截齿二次旋转角的增大而增大。侧向阻力最大值、均值、均方差均随着截齿二次旋转角的增大而增大。二次旋转角的改变对侧向阻力的影响较大,随着角度的增大,脉动波动越来越剧烈。综上分析,二次旋转角取 5°时,截齿截割效率较高,且载荷波动较小。

4. 抗压强度对截割性能的影响

煤岩性能参数直接影响着滚筒截齿的截割性能,截割不同性质的煤岩时,滚筒的载荷大小、波动特性及块煤率均不同。对不同抗压强度的煤岩进行截割模拟,抗压强度分别为 15 MPa、20 MPa 和 25 MPa,滚筒转速为 59.8 r/min。由于牵引系统功率恒定,随截割阻力的变化而变化,因此,设定实验牵引速度为 2.0 m/min。得不同煤岩强度下的截齿三向载荷曲线,如图 2.54 所示。并根据截割阻力的均值来衡量不同性质的煤对截齿截割性能的影响。

从图 2.54 中可以看出,随着煤岩抗压强度的增大,截割阻力、推进阻力幅值明显增大,伴有明显的脉动变化规律,这与煤岩崩落的随机性有关。为研究煤岩抗压强度对截齿三向载荷的影响及其相互关系,对截齿的三向载荷仿真实验值进行统计分析,其结果见表 2.7。

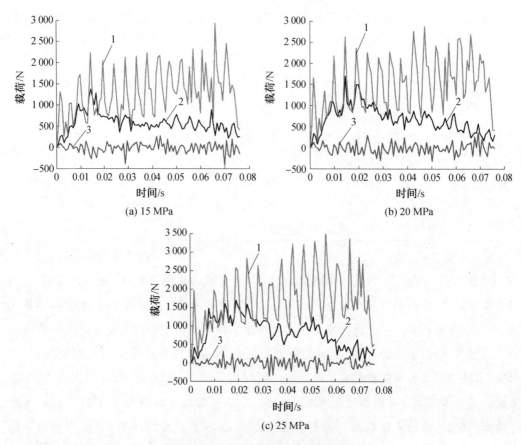

(a) 15 MPa   (b) 20 MPa

(c) 25 MPa

图 2.54　不同抗压强度的三向载荷曲线

1—截割阻力；2—推进阻力；3—侧向阻力

表 2.7　不同抗压强度的截齿三向载荷统计值

抗压强度/MPa	统计值	截割阻力/N	推进阻力/N	侧向阻力/N
	最大值	2 831.16	1 379.50	280.55
15	均值	1 276.28	582.40	−6.50
	均方差	559.97	232.81	120.81
	最大值	2 869.15	1 692.92	363.32
20	均值	1 471.78	671.24	−9.85
	均方差	634.72	313.79	135.03
	最大值	3 551.55	1 702.78	320.95
25	均值	1 688.55	824.02	2.58
	均方差	751.39	406.44	132.06

从表 2.7 中可以看出，在仿真研究 15～25 MPa 范围内的抗压强度时，截割阻力最大值、均值、均方差均随着煤岩抗压强度的增大而增大。推进阻力最大值、均值、均方差均随

着煤岩抗压强度的增大而增大。侧向阻力最大值、均方差随着煤岩抗压强度的增大先增大后减小，在 15 MPa 时二者有极小值，侧向阻力均值随着煤岩抗压强度的增大先减小后增大，在20 MPa时有极小值。从理论上分析，煤岩强度越大，其崩裂特性越好，块煤率就越大，同时，强度越大，截割阻力越大，单位时间内的能耗也将越大。

5. 切削厚度对截割性能的影响

为研究切削厚度与截齿三向载荷的关系，对不同厚度的煤岩进行截割模拟，厚度分别为 15 mm 和 20 mm。得到对应的三向载荷曲线如图 2.55 所示。

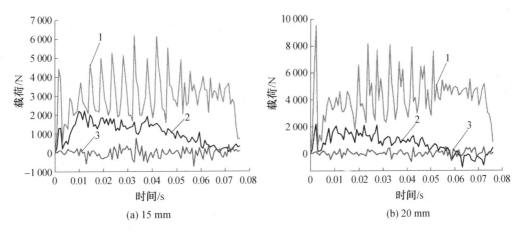

(a) 15 mm　　　　　　　　　(b) 20 mm

图 2.55　不同煤岩切削厚度的三向载荷曲线
1—截割阻力；2—推进阻力；3—侧向阻力

从图 2.55 中可以看出，随着切削厚度的增大，截齿截割阻力和推进阻力的幅值明显增大，且崩落的煤岩块度变大，截割 20 mm 煤岩时，截齿与煤岩接触瞬间产生很大的冲击力，说明此时破碎煤岩消耗更多的能量，结合实际工况进行分析，随着切削厚度的增大，截割的块煤增大，可是过大的厚度会导致截齿截割阻力过分增加，从而造成截齿的磨损，所以应合理地选择切削厚度以期达到低比能耗高效的截割目的。切削厚度为 20 mm 的情况如图 2.55(b)所示。

为研究截割煤岩厚度对截齿三向载荷的影响及其相互关系，对截齿的三向载荷仿真实验值进行统计分析，其结果见表 2.8。从表 2.8 可以看出，在仿真研究 15～20 mm 范围内，截割阻力最大值、均值、均方差均随着截割煤岩厚度的增大而增大，而推进阻力最大值、均方差均随着截割煤岩厚度的增大而增大，而推进阻力均值随着截割煤岩厚度的增大先增大后减小。侧向阻力最大值、均方差随着煤岩抗压强度的增大先增大后减小，而侧向阻力均值随着截割煤岩厚度的增大先减小后增大。从理论上分析，截割煤岩的厚度越大，其崩裂特性越不明显，截割阻力越大。

表 2.8 不同切削厚度的截齿三向力统计值

切削厚度/mm	统计值	截割阻力/N	推进阻力/N	侧向阻力/N
15	最大值	6 180.29	2 200.65	755.91
	均值	2 947.60	1 039.14	−14.33
	均方差	1 155.34	587.26	241.51
20	最大值	9 529.27	2 203.73	472.72
	均值	4 142.01	696.44	16.78
	均方差	1 632.97	735.21	214.96

2.4.4 滚筒运动参数对截割性能的影响

滚筒转速作为采煤机的重要参数,其转速确定的合理性对截割块煤率及提高采煤机的装煤效率起到至关重要的作用。实验条件为:煤壁抗压强度为 30 MPa,牵引速度的初始值为 2.0 m/min,截齿切向安装角为 45°,转速分别为 50 r/min、60 r/min 和 70 r/min。得到对应的三向载荷曲线如图 2.56 所示。

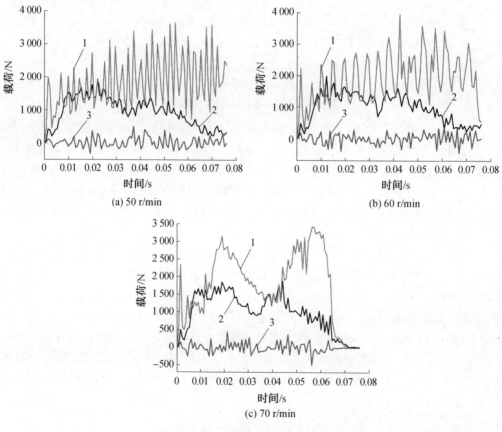

图 2.56 不同滚筒转速的三向载荷曲线
1—截割阻力;2—推进阻力;3—侧向阻力

图 2.56 中的曲线 1 为截割阻力曲线,曲线 2 为推进阻力曲线,曲线 3 为侧向阻力曲线。从图 2.56 可以看出,随着时间的增大,截割阻力均呈现出先增大后减小的波动变化趋势;随着滚筒转速的增加,截割阻力幅值略有增大,煤岩崩落频率逐渐减小,大块煤破落现象更加明显。为研究滚筒转速对截齿三向载荷的影响及其相互关系,对截齿的三向载荷仿真实验值进行统计分析,其结果见表 2.9。

表 2.9　不同滚筒转速的截齿三向力统计值

滚筒转速/(r·min⁻¹)	统计值	截割阻力/N	推进阻力/N	侧向阻力/N
	最大值	3 649.76	1 935.28	502.41
50	均值	1 823.00	950.21	24.27
	均方差	805.00	441.62	157.25
	最大值	4 002.59	1 772.87	538.47
60	均值	1 920.14	996.57	−3.32
	均方差	757.72	437.51	204.55
	最大值	3 428.35	1 886.38	439.40
70	均值	1 755.12	979.90	−4.98
	均方差	1 003.28	545.44	139.01

从表 2.9 中可以看出,在仿真研究 50~70 r/min 范围内的滚筒转速时,截割阻力最大值、均值随着滚筒转速的增大先增大后减小,转速为 60 r/min 时,二者有极大值,70 r/min 时,二者值较小,将转速 50 r/min、60 r/min 分别与 70 r/min 时的截割阻力均值进行比较,发现转速对其有影响,增大幅度在 9.5% 以内。截割阻力均方差随着滚筒转速的增大先减小后增大,转速 60 r/min 时,有极小值,说明此时载荷波动最小。推进阻力最大值、均方差随着滚筒转速的增大先减小后增大,均值随着滚筒转速的增大先增大后减小。侧向阻力最大值、均方差随着滚筒转速的增大先增大后减小,侧向阻力均值随着滚筒转速的增大而减小。

2.4.5　多截齿顺序截割煤岩的数值模拟

1. 有限元模型

ABAQUS/Explicit 提供的单元失效模式适用于高应变率的动态问题。煤岩的破坏形式主要是剪切破坏,是由于煤岩材料塑性屈服。失效准则的定义可以用来限制随后单元的承载能力(删除单元的点)直到达到极限应力。当积分点上的应力达到剪切失效准则时,所有的应力分量将被设置为零,该点煤岩失效,硬度消失,单元被删除。建立弧长 530 mm、高 500 mm、宽 200 mm 的圆弧形煤岩和安装两个截齿的滚筒模型,材料参数如前所述,截齿锥角为 80°,两截齿截割滚筒与煤岩作用的有限元模型如图 2.57 所示。

图 2.57 两截齿截割滚筒与煤岩作用的有限元模型

2. 仿真结果

两截齿的三向载荷曲线如图 2.58 所示。其中,图 2.58(a)为两截齿的截割阻力曲线,图 2.58(b)为两截齿的推进阻力曲线,图 2.58(c)为两截齿的侧向阻力曲线。

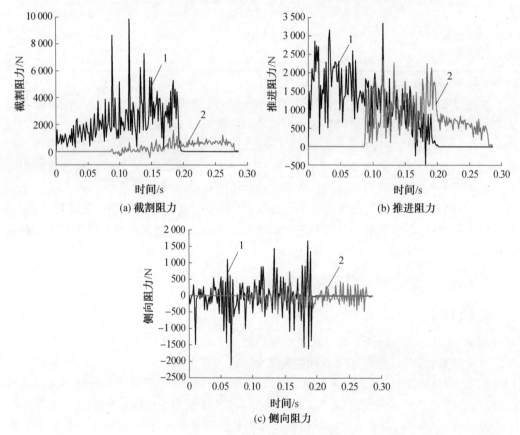

图 2.58 两截齿的三向载荷曲线

1—截齿 A;2—截齿 B

图 2.58 中的曲线 1 为截齿 A 对应的载荷曲线,曲线 2 为截齿 B 对应的载荷曲线。

图 2.58 中曲线表明,三向载荷均呈现不规则的波动形式,且所有力都是非常短的脉冲力。这意味着每个接触力(即截割阻力和推进阻力)在截齿齿尖下方及周围的煤岩单元失效之前,在很短的时间内达到峰值。煤岩破坏后,截齿和煤岩之间的接触力很快减小到零,直到截齿截割其他煤岩单元之前仍为零。

在截齿 A 接触煤岩的瞬间,滚筒的截割阻力和推进阻力不停起伏,截齿 A 的截割阻力和推进阻力均逐渐增大,直至截齿 A 脱离煤岩接触力降至零点。截齿 B 未接触煤岩时受力为零,截割煤岩时的截割阻力和推进阻力均小于截齿 A。这是因为截齿 A 沿着滚筒前进方向截割煤岩,煤岩经过截齿 A 的预先截割,当截齿 B 进行截割时,有些区域的煤岩单元已经消失接触不到;当截齿 B 脱离煤岩时,接触力又降低至零点。

2.4.6 双联截齿截割煤岩的数值模拟

1. 双齿同步作用的截割状态

双齿同步作用的截割煤岩主要有三种状态,即过相关状态、定相关状态和欠相关状态。对于双联镐型截齿,将同一齿座的两个截齿轴线间距离称为截线距。当切削厚度一定时,煤岩破碎形式的影响如图 2.59(a)所示。当截齿的截线距较小时,截齿截割形成的微裂纹大量延伸至相邻两截齿的截槽处,两齿产生应力过度叠加,导致形成的煤岩块度较小,粉煤量增多,此时的截割为过相关状态;当截齿截割过程所形成的微裂纹刚好与相邻截齿形成的微裂纹能够有效连通互相影响,双齿之间的截割存在协同效应,相邻截齿的裂纹互相交错叠加影响,裂纹相对发展使应力重新分布,互相贯通后形成煤块,这时截割为定相关状态;当双齿的截线距较大时,截齿在截割过程中形成的微裂纹无法有效扩展到相邻截齿的截槽处,煤岩主要以和截齿发生挤压破坏的形式从煤岩剥落,无法形成大块度煤岩,这种截割状态称为欠相关状态。

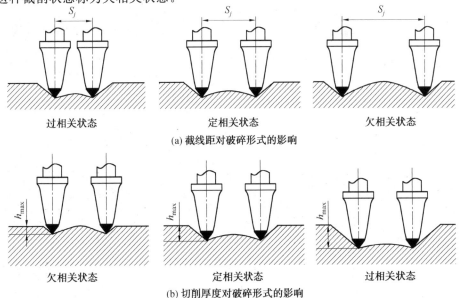

(a) 截线距对破碎形式的影响

(b) 切削厚度对破碎形式的影响

图 2.59　双齿同步作用煤岩的破碎形式

如图 2.59(b)所示,当截线距一定时,在切削厚度较小的条件下,截割过程形成的微裂纹无法有效扩展到相邻截齿的截槽处,截齿作用的煤岩区域应力无法耦合,此时的截割为欠相关状态;随着切削厚度的增大,煤岩形成的微裂纹刚好与相邻截齿的微裂纹互相连通,这时截割为定相关状态;当切削厚度继续增大时,截齿作用的煤岩应力耦合区域继续增大,使得煤岩块度较小,粉煤量增多,这时截割为过相关状态。

2. 截线距对截割性能的影响

当切削厚度一定时,通过改变截齿的截线距,分析不同工况下双齿同步作用的破碎煤岩的力学性能,分析截线距对截割性能的影响。模拟实验的切削厚度为 15 mm,截线距 S_j 分别为 50 mm、60 mm、70 mm 和 80 mm,截齿的滚筒转速为 40.8 r/min,牵引速度为 0.612 m/min,截齿的切向安装角为 45°,二次旋转角为 0°。提取截割过程中煤岩断面应力云图,结果如图 2.60 所示。实验得到截齿 A 和截齿 B 的截割阻力时域曲线如图 2.61 所示。

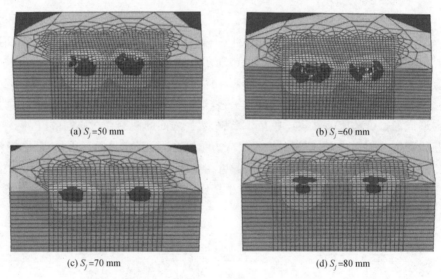

(a) S_j=50 mm

(b) S_j=60 mm

(c) S_j=70 mm

(d) S_j=80 mm

图 2.60　不同截线距截割煤岩断面应力云图

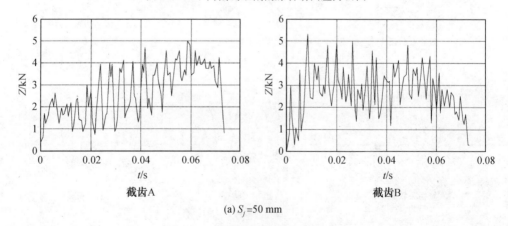

截齿A

截齿B

(a) S_j=50 mm

图 2.61　不同截线距的截割阻力

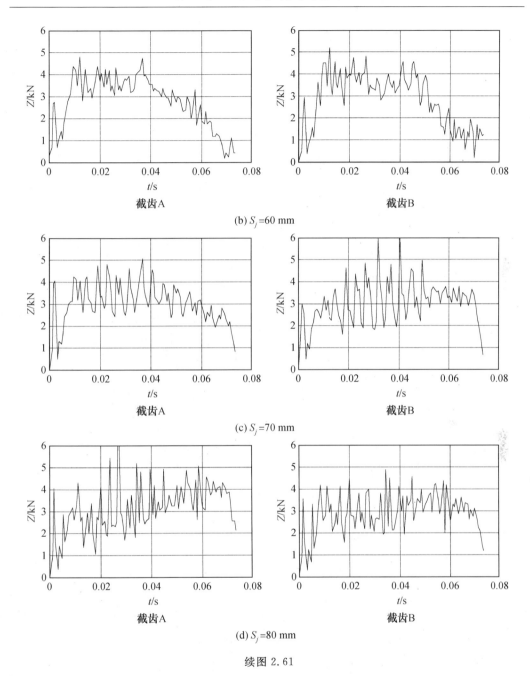

(b) $S_j=60$ mm

(c) $S_j=70$ mm

(d) $S_j=80$ mm

续图 2.61

当截线距为 50 mm 时,由于截齿破碎煤岩的微裂纹区域发生重叠,因此煤岩破碎程度更加剧烈,产生更多粉煤,比能耗较大;随着切削厚度的增大,截齿 A 截割过程所形成的微裂纹能够和相邻的截齿 B 形成的微裂纹通互相影响,使得两齿间的煤岩易于崩落,形成较大块度的煤岩;随着截线距的增大,截齿 A 形成的裂纹区域无法与截齿 B 的裂纹区域相互连通,截割状态相当于单齿截割。

3. 切削厚度对截割性能的影响

为研究切削厚度对双联镐型截齿同步作用截割性能的影响,以不同切削厚度参数进行截割模拟,截齿的截线距为 80 mm,切削厚度为 15 mm、20 mm、25 mm 和 30 mm,滚筒转速为 40.8 r/min,截齿的切向安装角为 45°,二次旋转角为 0°。得到截割过程中煤岩断面应力云图如图 2.62 所示。

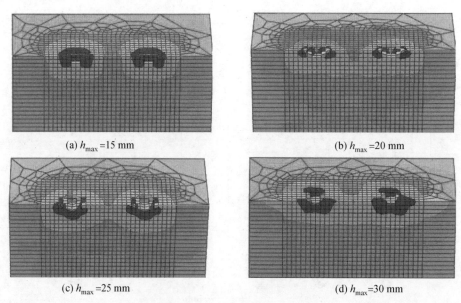

(a) h_{max}=15 mm

(b) h_{max}=20 mm

(c) h_{max}=25 mm

(d) h_{max}=30 mm

图 2.62   不同切削厚度截割煤岩断面应力云图

截齿 A 和截齿 B 截割阻力曲线如图 2.63 所示,在双齿同步作用截割煤岩的情况下,当截线距为 80 mm,切削厚度较小时,双齿同步作用截割煤岩产生的微裂纹没有扩展到相邻截齿,截割煤岩区域并未互相影响,又由于切削厚度较小,因此截割产生的粉煤量也相对偏多。

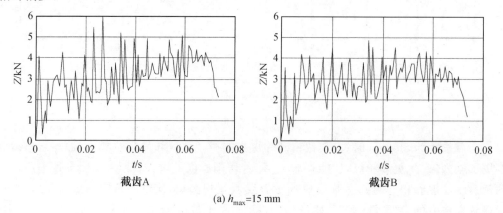

截齿A

截齿B

(a) h_{max}=15 mm

图 2.63   不同切削厚度的截割阻力

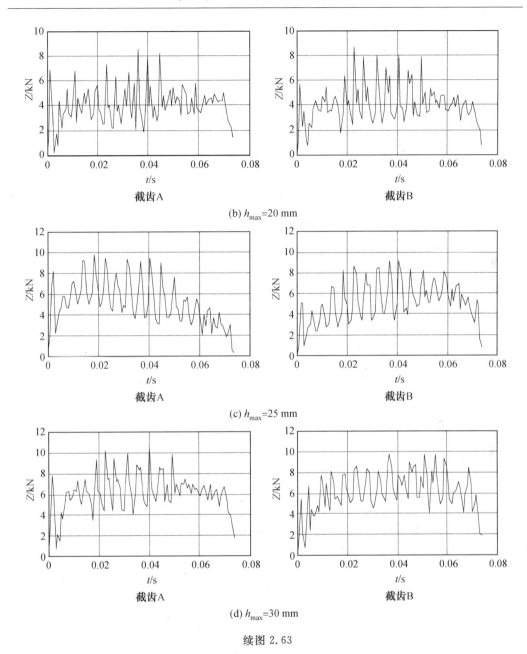

(b) $h_{max} = 20$ mm

(c) $h_{max} = 25$ mm

(d) $h_{max} = 30$ mm

续图 2.63

　　随着切削厚度的增大,煤岩产生的微裂纹区域逐渐增大,截齿 A 与截齿 B 的区域相互影响,使煤岩更易于剥落,此时截割处于定相关状态,当截线距 $S_j = 80$ mm 时,最佳切削厚度 $h_{max} = 23$ mm,此时 $S_j = 3.5 h_{max}$;当切削厚度继续增大时,截齿截割形成的微裂纹大量延伸至相邻两截齿的截槽处,导致形成的煤岩块度较小,加剧粉煤量的增多。从不同截线距和切削厚度参数组合的截割应力云图可以看出,双联截齿应力及相互影响的区域为确定最佳截割参数提供一种有效的方法。

2.5　截齿载荷与滚筒载荷转换关联模型

1. 截齿三向载荷转换模型

截齿坐标的截齿三向载荷与滚筒坐标的截齿三向载荷在方向定义上和大小是不同的,截齿三向载荷与滚筒三向载荷的关系如图 2.64 所示。传感器实测截齿坐标三向载荷为轴向载荷 A_s、径向载荷 P_s 和侧向载荷 X_s;截齿坐标齿尖三向载荷为轴向载荷 A、径向载荷 P 和侧向载荷 X;滚筒坐标下的截齿三向载荷为截割阻力 P_z、推进阻力 P_y 和侧向阻力 X_o。截齿的参数与测力传感器的杠杆比 b_1($b_1 = L_1 / L_2$)有关。由于实验装置的结构特点,因此在齿座与齿套间的支撑点产生摩擦力。滚筒的截割阻力、推进阻力和侧向阻力的三向载荷由于方向的特殊性,实验很难测得,因此,通过坐标转换模型可间接获得。

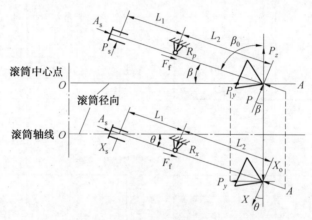

图 2.64　截齿三向载荷与滚筒三向载荷的关系

由图 2.64 可见,实测截齿坐标下的三向载荷与截齿坐标齿尖三向载荷有以下关系:

$$\begin{cases} A = A_s + F_f \\ P = b_1 P_s \\ X = b_1 X_s \end{cases} \tag{2.90}$$

考虑齿套与齿座间的支反力 R 产生的摩擦力 F_f(附加轴向力 ΔA):

$$\begin{cases} R = \sqrt{R_p^2 + R_x^2} \\ F_f = f\sqrt{R_p^2 + R_x^2} \\ R_p = P_s + P = P_s(1 + b_1) \\ R_x = X_s + X = X_s(1 + b_1) \end{cases} \tag{2.91}$$

式中　R_p、R_x——齿座与齿套间的支反力,kN;

　　　F_f——齿座与齿套间的摩擦力,N;

　　　f——摩擦因数,取 0.1。

截齿坐标齿尖三向载荷与滚筒坐标三向载荷的关系:

$$\begin{cases} P_z = A\sin\beta\cos\theta + P\cos\beta\cos\theta - X\sin\beta\sin\theta \\ P_y = A\cos\beta\cos\theta - P\sin\beta\cos\theta + X\cos\beta\sin\theta \\ X_o = -A\cos\beta\sin\theta - P\sin\beta\cos\theta + X\cos\beta\cos\theta \end{cases} \tag{2.92}$$

式中　　β——截齿的安装角，(°)；

　　　　θ——截齿沿滚筒轴线方向的倾斜角，(°)。

由式(2.90)～(2.92)得滚筒坐标三向载荷与截齿坐标三向载荷及其三向载荷测试值的关系矩阵：

$$\begin{bmatrix} A \\ P \\ X \end{bmatrix} = \begin{bmatrix} 1 & 0 & 0 \\ 0 & b_1 & 0 \\ 0 & 0 & b_1 \end{bmatrix} \begin{bmatrix} A_s + F_f \\ P_s \\ X_s \end{bmatrix} \tag{2.93}$$

$$\begin{bmatrix} P_z \\ P_y \\ X_o \end{bmatrix} = \begin{bmatrix} \sin\beta\cos\theta & \cos\beta\cos\theta & -\sin\beta\sin\theta \\ \cos\beta\cos\theta & -\sin\beta\cos\theta & \cos\beta\sin\theta \\ -\cos\beta\sin\theta & -\sin\beta\sin\theta & \cos\beta\cos\theta \end{bmatrix} \begin{bmatrix} A \\ P \\ X \end{bmatrix} \tag{2.94}$$

$$\begin{aligned} \begin{bmatrix} P_z \\ P_y \\ X_o \end{bmatrix} &= \begin{bmatrix} \sin\beta\cos\theta & \cos\beta\cos\theta & -\sin\beta\sin\theta \\ \cos\beta\cos\theta & -\sin\beta\cos\theta & \cos\beta\sin\theta \\ -\cos\beta\sin\theta & -\sin\beta\sin\theta & \cos\beta\cos\theta \end{bmatrix} \begin{bmatrix} 1 & 0 & 0 \\ 0 & b_1 & 0 \\ 0 & 0 & b_1 \end{bmatrix} \begin{bmatrix} A_s + F_f \\ P_s \\ X_s \end{bmatrix} \\ &= \begin{bmatrix} \sin\beta\cos\theta & b_1\cos\beta\cos\theta & -b_1\sin\beta\sin\theta \\ \cos\beta\cos\theta & -b_1\sin\beta\cos\theta & b_1\cos\beta\sin\theta \\ -\cos\beta\sin\theta & -b_1\sin\beta\sin\theta & b_1\cos\beta\cos\theta \end{bmatrix} \begin{bmatrix} A_s + F_f \\ P_s \\ X_s \end{bmatrix} \end{aligned} \tag{2.95}$$

当 $\theta = 0$ 时，

$$\begin{aligned} \begin{bmatrix} P_z \\ P_y \\ X_o \end{bmatrix} &= \begin{bmatrix} \sin\beta & \cos\beta & 0 \\ \cos\beta & -\sin\beta & 0 \\ 0 & 0 & \cos\beta \end{bmatrix} \begin{bmatrix} 1 & 0 & 0 \\ 0 & b_1 & 0 \\ 0 & 0 & b_1 \end{bmatrix} \begin{bmatrix} A_s + F_f \\ P_s \\ X_s \end{bmatrix} \\ &= \begin{bmatrix} \sin\beta & b_1\cos\beta & 0 \\ \cos\beta & -b_1\sin\beta & 0 \\ 0 & 0 & b_1\cos\beta \end{bmatrix} \begin{bmatrix} A_s + F_f \\ P_s \\ X_s \end{bmatrix} \end{aligned}$$

2. 转换实例与分析

实验条件：截齿长度为 160 mm，齿身长为 90 mm，测力杠杆比为 0.739，尖夹角为 75°，齿尖合金头伸出长度为 14 mm，煤岩截割阻抗为 180 ～ 200 kN/m，截割臂转速为 41 r/min，安装角为 45°，截齿倾角为 10°，牵引速度为 0.82 m/min，实验测试得到镐型截齿三向截割载荷谱，如图 2.65 所示。截齿轴向、径向和侧向实验载荷是力传感器上的示值，由均值可以看出，其变化规律与采煤机滚筒截割煤岩的月牙形同步。

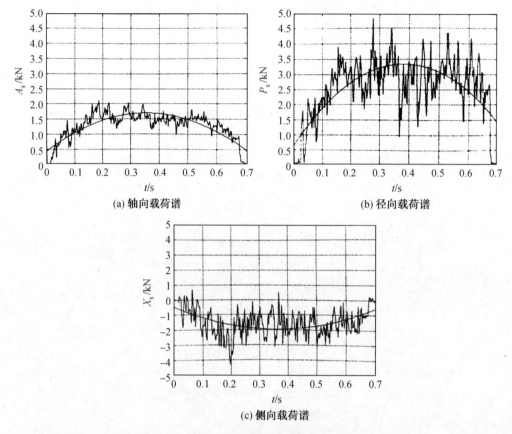

图 2.65　镐型截齿三向截割载荷谱

　　实验获得的截齿坐标的三向载荷谱及其均值曲线如图 2.65 所示,利用式(2.95)转化成滚筒坐标下的截割阻力 P_z、推进阻力 P_y 和侧向阻力 X。采用等周期采样方法,对实验载荷谱进行数值化,代入转换模型解算,并拟合出滚筒坐标下载荷截齿三向瞬时载荷谱,将图 2.65 的载荷谱转化成 P_z、P_y 和 X。,如图 2.66 所示。

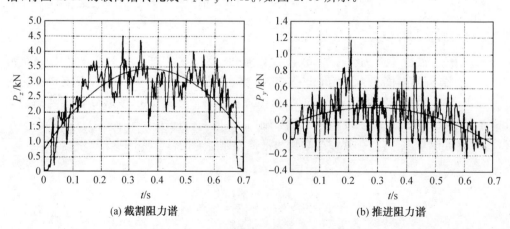

图 2.66　滚筒坐标的三向载荷谱

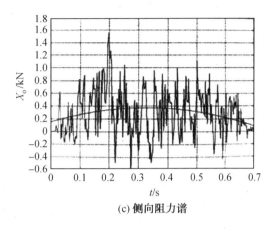

(c) 侧向阻力谱

续图 2.66

通过截齿坐标三向载荷与滚筒坐标三向载荷的转换方法,得到了滚筒坐标三向载荷谱与实验载荷谱基本一致的变化趋势,滚筒坐标三向载荷谱的最大值和均值大小依次为截割阻力、侧向阻力和推进阻力。由图 2.65 和图 2.66 可以看出,两种坐标系下的三向载荷大小有较大的不同,滚筒坐标 P_z 约是截齿坐标 A_s 的 1.5 倍,滚筒坐标 P_z 近似等于截齿坐标 P,滚筒坐标 P_y 约是截齿坐标 A_s 的 0.16 倍,滚筒坐标 X_o 的均值约等于滚筒坐标 P_y 的均值。滚筒坐标的侧向阻力是驱动截齿自转的力,其波动频率快、幅值较大,是造成截齿横向断裂的原因之一。

2.6　滚筒实验 —— 理论截割阻力模型

截割阻力的计算是采煤机设计和分析的前提,尽管类比刀型截齿的镐型截齿截割阻力模型可以计算截割阻力,但由于公式系数不易确定,故在实际应用中比较困难。由于截割载荷谱记录了众多参数组合下的煤破碎机理演化信息,因此依据其特点绘制单截齿截割阻力曲线谱建立滚筒截割阻力的实验与理论模型。

2.6.1　截齿工况系数

在煤壁的压酥效应、滚筒几何约束的截割条件下,滚筒上不同位置的截齿截割工况条件是不同的,以滚筒轴向截深为 x 轴,当 $x=0$ 时,叶片采空区侧截齿的工况系数 $K=1$;当 $x=J$ 时,端盘煤壁侧截齿的工况系数 $K=2$。设沿滚筒的截深方向工况系数以线性关系变化,则有滚筒截齿的工况系数方程:

$$K = 1 + \frac{1}{J}x \qquad (2.96)$$

由式(2.96)求得螺旋滚筒叶片区间截齿和端盘区间截齿的平均工况系数为

$$K = 1 + \frac{J_y}{2J}, \quad K_d = 2 - \frac{J_d}{2J}$$

式中　J—— 滚筒的截深,m;

　　　J_y—— 叶片的截深,m;

J_d——端盘的截深，$J = J_y + J_d$，m。

工况系数还可按非线性变化规律确定为

$$K = 1 + \frac{1}{J^2}x^2$$

2.6.2 截割阻力的实验理论模型

由截割理论可知，截割煤岩是伴随着小块煤崩落直至大块煤崩落的重复过程，在实验条件下，截齿的最大截割阻力（大块煤崩落时）$Z_0 = A_0 h_0$，被模拟滚筒上任意截齿的最大截割阻力 $Z_{imax} = A_i h_i'$，则

$$Z_{imax} = \frac{A_i}{A_0}\frac{h_i'}{h_0}Z_{0max} \tag{2.97}$$

式中 Z_{imax}——第 i 个截齿的最大截割阻力，kN；

Z_{0max}——实验条件的最大截割阻力，kN；

A_0——实验截割阻抗，kN/m；

A_i——考虑到截齿工况系的截割阻抗，kN/m。

考虑到滚筒上不同位置截齿的工况系数，则滚筒叶片上和端盘上截齿的截割阻力为

$$Z_{imax} = h_i'A_i = h_i'AK_y$$

$$Z_{jmax} = h_j''A_j = h_j''AK_d$$

1. 煤崩落周期

在截齿截割煤岩实验条件的截割阻力曲线谱中，测得大块煤崩落的周期 T_0，大块煤崩落周期与切削厚度成正比（大块煤崩落与能量积聚成正比）。第 i 个截齿任意切削厚度截割煤时，煤的大块崩落的周期 T_i 和平均周期 $\bar{T_i}$ 为

$$T_i = T_0\frac{h_i'}{h_0}$$

$$\bar{T_i} = T_0\frac{\overline{h_i'}}{h_0}$$

2. 截齿截割阻力曲线谱模型

在实验条件下的大块煤崩落周期内，随机瞬间截割阻力为

$$Z_0(t) = Z_{0min} + \frac{Z_{0max} - Z_{0min}}{T_0}[t + T_0R(i)] \tag{2.98}$$

式中 Z_{0min}——实验条件下大块煤崩落前后截割阻力最小值，N；

Z_{0max}——实验条件下大块煤崩落前后截割阻力最大值，$Z_{0min} = \alpha Z_{0max}$，根据实验数值统计确定，一般取 $\alpha = 0.1 \sim 0.2$，N；

t——截齿截割时间，$t = 0 \sim T_{imax}$，s；

$R(i)$——瑞利分布随机数，反映了任意截齿在同一时刻，煤崩落周期内，所处的起始截割阻力状态（最大值与最小值截割阻力之间）。

由式（2.97）和式（2.98）得叶片截齿随机瞬时截割阻力为

$$Z_i(t) = \alpha Z_{i\max} + (Z_{i\max} - \alpha Z_{i\max})\left[\frac{t}{T_i} + R(i)\right]$$

$$= \left\{\alpha + (1-\alpha)\left[\frac{t}{T_i} + R(j)\right]\right\}\frac{Ah_i'}{A_0 h_0}K_y Z_{0\max} \tag{2.99}$$

同理,得端盘截齿随机瞬时截割阻力为

$$Z_j(t) = \alpha Z_{j\max} + (Z_{j\max} - \alpha Z_{j\max})\left[\frac{t}{T_j} + R(j)\right]$$

$$= \left\{\alpha + (1-\alpha)\left[\frac{t}{T_j} + R(j)\right]\right\}\frac{Ah_j''}{A_0 h_0}K_d Z_{0\max} \tag{2.100}$$

2.6.3　滚筒截割阻力模型 I

考虑截齿的排列方式、切削厚度和煤的崩落周期,对实验截割阻力载荷谱进行辨识。采用随机数的方式,确定任意截齿截割阻力叠加的起点值,以此为起始点,在大块煤崩落周期内截齿截割阻力进行线性插值,顺延叠加求得滚筒的截割阻力曲线谱,由式(2.99)和式(2.100)可得滚筒截割阻力模拟模型 I:

$$P_z(t) = \sum_{i=0}^{N} Z_i(t) + \sum_{j=0}^{M} Z_j(t)$$

$$= \frac{AZ_{0\max}}{A_0 h_0}\left(K_y \sum_{i=0}^{N}\left\{\alpha + (1-\alpha)\left[\frac{t}{T_i} + R(i)\right]\right\}h_i' + \right.$$

$$\left. K_d \sum_{j=0}^{M}\left\{\alpha + (1-\alpha)\left[\frac{t}{T_j} + R(j)\right]\right\}h_j''\right) \tag{2.101}$$

其中,当$\frac{t}{T_i} + R(i) \leqslant 1$时,

$$\frac{t}{T_i} + R(i) = \frac{t}{T_i} + R(i)$$

当$\frac{t}{T_i} + R(i) > 1$时,

$$\frac{t}{T_i} + R(i) = \frac{t}{T_i} + R(i) - 1$$

当$i = j$时,同理。

2.6.4　滚筒截割阻力模型 II

基于截齿截割平均切削厚度,对式(2.101)的模拟算法进行简化,在大块煤崩落周期(平均切削厚度、大块煤崩落平均值周期)内截齿截割阻力线性插值,算法原理同滚筒截割阻力模型 I,得滚筒截割阻力模型 II,则

$$P_z(t) = \frac{A_i Z_{0\max}}{A_0 h_0}\left(K_y \bar{h}' \sum_{i=0}^{N}\left\{\alpha + (1-\alpha)\left[\frac{t}{\bar{T_i}} + R(i)\right]\right\} + \right.$$

$$\left. K_d h'' \sum_{j=0}^{M}\left\{\alpha + (1-\alpha)\left[\frac{t}{\bar{T_j}} + R(j)\right]\right\}\right) \tag{2.102}$$

其中,当$\frac{t}{\bar{T_i}} + R(i) \leqslant 1$时,

$$\frac{t}{T_i} + R(i) = \frac{t}{T_i} + R(i)$$

当 $\frac{t}{T_i} + R(i) > 1$ 时，

$$\frac{t}{T_i} + R(i) = \frac{t}{T_i} + R(i) - 1$$

当 $i = j$ 时，同理。

2.6.5　滚筒截割阻力模型 Ⅲ

式(2.101)和式(2.102)给出的算法，是利用实验测定的截割阻力曲线谱中，大块煤崩落周期内的截割阻力的最小值和最大值，采用线性插值方法计算任意时刻的截割阻力，这种算法忽略了小块煤崩落的截割阻力高频成分。对实测的截割阻力曲线谱进行离散采样，代替上述方法的线性插值，叶片和端盘截齿截割阻力的采样值为

$$P_{zik}(t) = \frac{A}{A_0} \frac{h_i'}{h_0} K_y Z_{0k}$$

$$P_{zjk}(t) = \frac{A}{A_0} \frac{h_j''}{h_0} K_d Z_{0k}$$

式中　P_{z0k}——实验截割阻力特征曲线瞬时值，kN；

　　　　k——实验截割阻力特征曲线上采样的总点数，$k = 1, 2, \cdots, G$。

基于上述条件，由式(2.99)可得滚筒截割阻力模型 Ⅱ：

$$P_z(k\Delta T) = \left(\sum_{i=1}^{N} Z_{ik} + \sum_{j=1}^{M} Z_{jk}\right)\Bigg|_{k=\mathrm{INT}[GR(i),GR(j)]} , \quad \left(\sum_{i=1}^{N} Z_{ik} + \sum_{j=1}^{M} Z_{jk}\right)\Bigg|_{k=\mathrm{INT}[GR(i),GR(j)]+1} ,$$

$$\left(\sum_{i=1}^{N} Z_{ik} + \sum_{j=1}^{M} Z_{jk}\right)\Bigg|_{k=\mathrm{INT}[GR(i),GR(j)]+2} , \quad \cdots,$$

$$\left(\sum_{i=1}^{N} Z_{ik} + \sum_{j=1}^{M} Z_{jk}\right)\Bigg|_{k=\mathrm{INT}[GR(i),GR(j)]+G} \tag{2.103}$$

式中　$\mathrm{INT}[GR(i), GR(j)]$——第 i 或 j 截齿截割阻力叠加起始离散序列号(取整数)，当 $k < G$ 时，k 取值不变，当 $k > G$ 时，$k = k - G$；

　　　　N、M——滚筒叶片上和端盘上参与截割煤的截齿总数；

　　　　ΔT——离散数值叠加平均间隔，

$$\Delta T = \Delta T_0 \frac{h_i'}{h_0}$$

式中　ΔT_0——单齿截割阻力曲线谱离散采样间隔。

2.6.6　数值模拟与结果分析

煤截割实验条件:与滚筒和截齿实际工作的结构形式和切向安装角相同,实验条件 1 为硬度较低的韧性煤,切削厚度 $h_0=0.03$ m,其截割煤的当量截割阻抗为 $A_0=200$ kN/m,其单截齿实验 1 的截割阻力谱如图 2.67 所示;实验条件 2 为硬度较大的脆性煤,切削厚度 $h_0=0.015$ m,截割煤的当量截割阻抗 $A_0=240$ kN/m,单截齿实验 2 的截割阻力谱如图 2.68 所示。

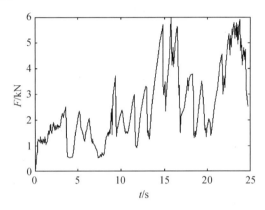

图 2.67　单截齿实验 1 的截割阻力谱

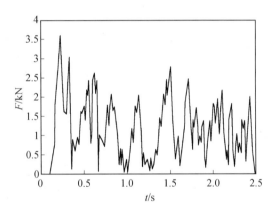

图 2.68　单截齿实验 2 的截割阻力谱

某采煤机的主要技术参数:截割功率 $N=610$ kW,传动效率 $\eta=0.8$,滚筒直径 $D_c=2$ m;滚筒截深 $J=0.8$ m,$J_y=0.63$ m,$J_d=0.17$ m,滚筒转速 $n=35$ r/min,工作牵引速度 $v_q=6$ m/min,采煤机额定截割阻力为 133 kN,煤的当量截割阻抗 $A=220$ kN/m。依据实验条件 1 和 2 的单齿截割阻力载荷谱,辨识出整个滚筒的截割阻力谱,实际采煤机工作条件下的截割阻力模拟结果如图 2.69 和图 2.70 所示。

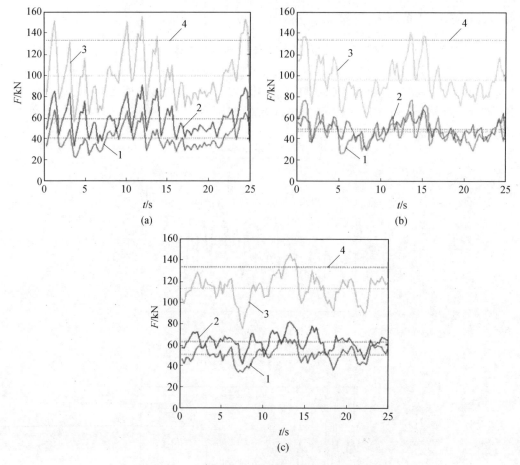

图 2.69 实验条件 1 滚筒截割阻力谱模拟结果

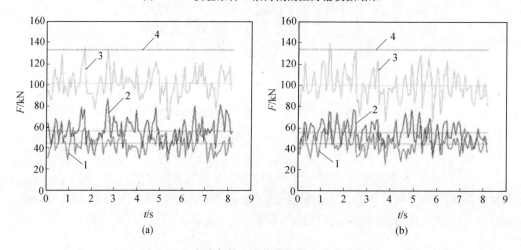

图 2.70 实验条件 2 滚筒截割阻力谱模拟结果

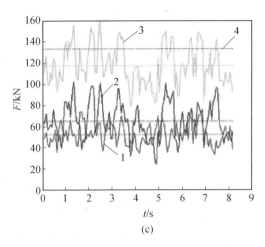

(c)

续图 2.70

图 2.69 和图 2.70 分别为模型 Ⅰ、模型 Ⅱ、模型 Ⅲ 模拟结果,其中曲线 1 为端盘上截齿的截割阻力(F_d)谱,曲线 2 为叶片上截齿的截割阻力(F_y)谱,曲线 3 为整个滚筒上截齿的截割阻力(F_g)谱,曲线 4 为采煤机额定截割阻力(F)谱。

三种模型的截割阻力特征值见表 2.10,仿真结果表明截割阻力谱的波动性,且叶片上的截割阻力均值大于端盘上的截割阻力均值,各占 55% 和 45% 左右(三种模型的均值),两组实验结果均证明三种截割阻力模型具有很好的吻合度。

表 2.10   三种模型的截割阻力特征值

模型	实验条件 1				实验条件 2			
	F_y/kN	F_d/kN	F_g/kN	F/kN	F_y/kN	F_d/kN	F_g/kN	F/kN
Ⅰ	57(60%)	39(40%)	97	133	57(56%)	44(44%)	101	133
Ⅱ	49(52%)	46(48%)	95	133	56(54%)	43(46%)	99	133
Ⅲ	63(56%)	50(44%)	113	133	65(56%)	52(44%)	117	133
平均值	56(55%)	45(45%)	101	133	59(56%)	46(44%)	105	133

第 3 章　截割载荷谱的统计与时频谱特征

3.1　三向载荷谱的统计特征

3.1.1　轴向载荷

实验条件：截齿为锐齿，模拟煤壁的截割阻抗为 $180 \sim 200$ kN/m，滚筒直径 $D =$ 1 460 mm，牵引速度 v_q 分别为 0.612 m/min、0.816 m/min 和 1.02 m/min，滚筒转速 $n =$ 40.8 r/min，截齿长 155 mm，截齿锥角为 $85°$，截齿的切向安装角 β 分别为 $30°$、$35°$、$40°$、$45°$ 和 $50°$，轴向倾斜角和二次旋转角为 $0°$，实验记录截齿的三向载荷。其中，当牵引速度 $v_q = 0.612$ m/min 时，不同切向安装角锐齿的轴向载荷谱和径向载荷谱如图 3.1 所示。对实验测量数据进行平均值提取，统计结果见表 3.1。

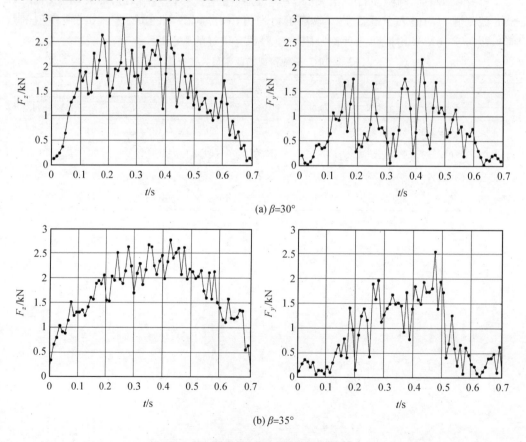

(a) β=30°

(b) β=35°

图 3.1　不同安装角时截齿的载荷谱

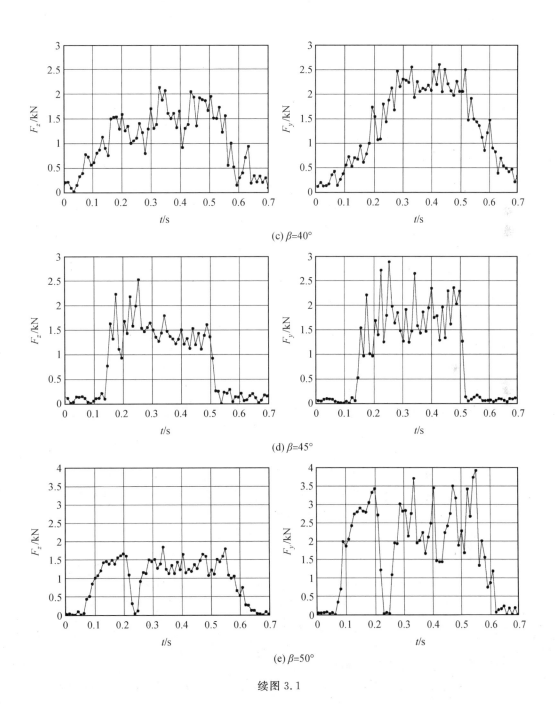

(c) $\beta=40°$

(d) $\beta=45°$

(e) $\beta=50°$

续图 3.1

表 3.1　不同安装角时载荷统计值

安装角 $\beta/(°)$	轴向载荷均值 /kN	径向载荷均值 /kN
30	2.066	1.446
35	1.584	1.481
40	1.308	1.616
45	1.102	1.481
50	1.446	2.410

由表 3.1 中数据得到锐齿在牵引速度 $v_q = 0.612$ m/min 时,轴向载荷均值与径向载荷均值的关系,记径向载荷与轴向载荷比例系数 $\delta_{yz} = F_y/F_z$,结果见表 3.2。根据上述方法,对牵引速度为 0.816 m/min 和 1.02 m/min 的轴向载荷和径向载荷数据进行处理,得到径向载荷与轴向载荷均值的比例系数 δ_{yz},见表 3.2。

表 3.2　轴向载荷与径向载荷的关系

安装角 $\beta/(°)$	δ_{yz}			$\bar{\delta}_{yz}$
	$v_q = 0.612$ m/min	$v_q = 0.816$ m/min	$v_q = 1.02$ m/min	
30	0.70	0.69	0.72	0.70
35	0.94	0.87	0.89	0.90
40	1.24	1.14	1.06	1.15
45	1.34	1.39	1.45	1.40
50	1.67	1.62	1.63	1.64

根据表 3.2 中的数据,对安装角和径向载荷与轴向载荷比例系数均值进行拟合,得到关系式如式(3.1)所示。在实验条件下,当切向安装角 $\beta = 30° \sim 50°$ 时,比例系数 δ_{yz} 与切向安装角 β 呈线性关系,随着安装角 β 的增大,比例系数 δ_{yz} 逐渐增大,拟合关系的确定系数 R $-$ square 为 0.998 5,说明二者线性度较好。

$$\delta_{yz} = 0.047\,6\beta - 0.746 \tag{3.1}$$

1. 安装角对截割性能的影响

为研究截齿的切向安装角对截齿截割性能的影响及其相互关系,对图 3.2 中的轴向载荷谱进行峰值轮廓拟合,提取均值并绘图,结果如图 3.3 所示。根据拟合峰值轮廓曲线得到截齿的轴向载荷均值与安装角拟合关系为

$$\bar{F}_z = 7.108\,0 - 0.263\,3\beta + 0.002\,9\beta^2$$

由图 3.3 可以看出,轴向载荷峰值拟合的均值与安装角呈二次方关系,并且在实验范围内,随着安装角的增大,呈先减小后增大的趋势。在实验条件下,切向安装角在 40° $\sim$ 45° 范围内,轴向载荷波峰拟合均值存在极小值。

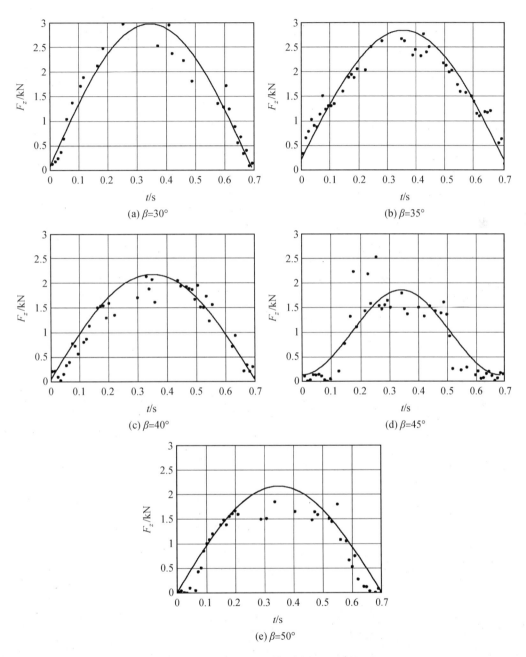

图 3.2　不同安装角时的轴向载荷谱

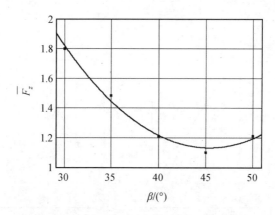

图 3.3　轴向载荷波峰拟合均值与安装角的关系

2. 切削厚度对截割性能的影响

实验条件:煤壁截割阻抗为 $180 \sim 200$ kN/m,滚筒转速为 40.8 r/min,滚筒直径为 1 460 mm,切削厚度分别为 15 mm、20 mm 和 25 mm,切向安装角为 45°,二次旋转角为 0°,采用锐齿进行旋转截割实验,测量截齿的三向载荷,其中轴向载荷谱如图 3.4 所示。

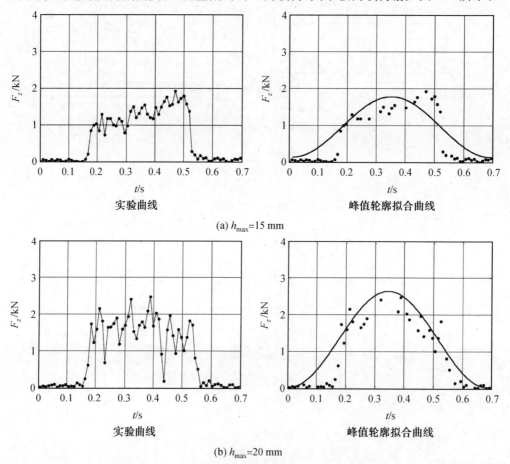

图 3.4　不同切削厚度的轴向载荷谱

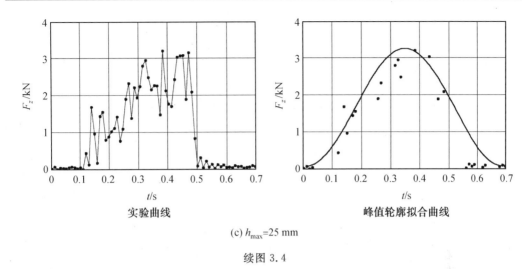

实验曲线

峰值轮廓拟合曲线

(c) $h_{max}=25$ mm

续图 3.4

为研究截齿截割阻力与切削厚度之间的关系,对实验数据进行统计分析,结果见表 3.3。

表 3.3   不同切削厚度的轴向载荷统计量

h_{max}/mm	拟合最大值 /kN	拟合均值 /kN	标准差
15	1.913	1.148	0.563
20	2.564	1.437	0.617
25	3.211	1.766	0.723

对表 3.3 中的拟合最大值和拟合均值进行线性拟合,得到轴向载荷与切削厚度的关系,如图 3.5 所示。在实验范围内,轴向载荷拟合最大值和拟合均值与切削厚度呈线性关系显著,二者随着切削厚度的增大呈线性增大。

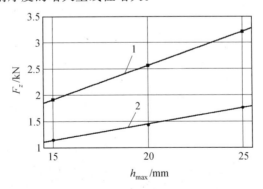

图 3.5   轴向载荷与切削厚度的关系
1— 拟合最大值;2— 拟合均值

3.1.2 径向载荷

为研究截齿的切向安装角对截齿径向载荷的影响及其相互关系,对图 3.1 中的径向载荷谱进行峰值轮廓拟合,得到波峰轮廓曲线如图 3.6 所示,提取均值并绘图,结果如图 3.7 所示。根据拟合峰值轮廓曲线得到截齿的径向载荷均值与安装角拟合关系为

$$\overline{F}_y = 4.546 - 0.193\,7\beta + 0.003\,0\beta^2$$

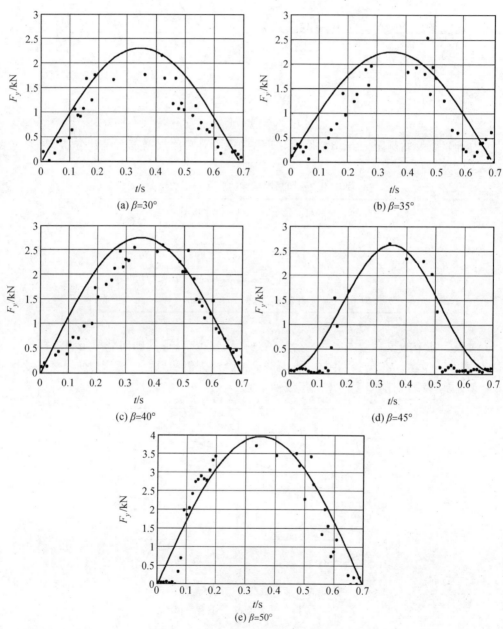

图 3.6　不同安装角时的径向载荷谱

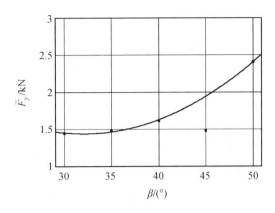

图 3.7　径向载荷波峰拟合均值与安装角的关系

由图 3.7 可看出,径向载荷峰值拟合的均值与安装角呈二次方关系,并且在实验范围内,随着安装角的增大呈先减小后增大的趋势。在实验条件下,当切向安装角约为 30° 时,径向载荷的波峰轮廓拟合均值存在极小值;当安装角为 50° 时,存在最大值。

3.1.3　侧向载荷

1. 滚筒上不同位置截齿侧向载荷

在相同切向安装角和切削厚度的条件下,模拟滚筒上不同位置截齿进行旋转截割实验研究,分别获取不同位置截齿的侧向载荷。实验条件:截齿为锐齿,煤壁截割阻抗为 $180 \sim 200$ kN/m,滚筒直径 $D = 1\,460$ mm,牵引速度 $v_\mathrm{q} = 0.816$ m/min,滚筒转速 $n = 40.8$ r/min,截齿长 155 mm,截齿锥角为 85°,截齿的切向安装角 $\beta = 45°$,轴向倾斜角和二次旋转角为 0°。

实验所用装置共有三个截齿,分别为 1 号齿、2 号齿和 3 号齿,其结构尺寸完全相同,三个截齿并列安装,可模拟滚筒上不同位置的截齿受力状态。由煤壁侧向采空区分别为 1 号、2 号和 3 号,1 号齿的工作条件与端盘截齿相似,2 号齿用于模拟螺旋叶片中部截齿的受力状态,3 号齿的工作条件与螺旋叶片尾部截齿的工作条件相似。图 3.8 给出了三个截齿的侧向载荷谱。

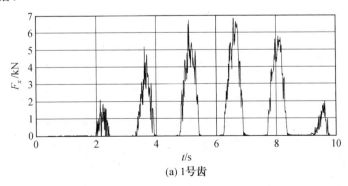

(a) 1 号齿

图 3.8　滚筒不同位置截齿的侧向载荷谱

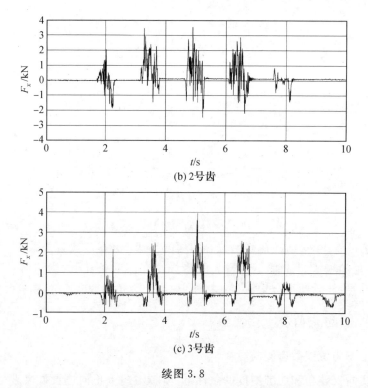

(b) 2 号齿

(c) 3 号齿

续图 3.8

由图 3.8 可以看出,1 号齿由于截槽一侧煤壁处于封闭状态,在截割煤岩时,截齿合金头处的齿身与煤壁侧截槽发生强烈挤压,截齿受力指向采空区一侧,截齿侧向载荷幅值明显增大,最大幅值为 6.846 kN,约为截割阻力的 1.5 倍,在实际应用中,通常适当增加端盘截齿的二次旋转角来减轻截齿齿身与截割槽的摩擦;2 号齿位于叶片中间位置,由于齿尖合金头与煤岩接触时发生强烈挤压,两侧煤岩不同时崩落,因此截齿两侧受力不等,侧向阻力正负波动且交变出现峰值,最大幅值为 3.550 kN;3 号齿的侧向阻力也出现正负波动情况,在切削厚度较小时(截齿刚接触煤岩和即将远离煤岩),截齿的侧向阻力出现正负波动,当切削厚度较大时,由于采空区一侧的煤岩更易于崩落,因此侧向阻力的方向总体为正向,即截齿所受侧向阻力方向指向采空区一侧,其最大幅值为 3.939 kN。

2. 不同类型合金头截齿的侧向载荷

实验条件:实验截齿为锐齿、棱齿和钝齿,模拟滚筒叶片上截齿的受力状态,截齿切向安装角为 40°,二次旋转角为 0°,滚筒直径 $D = 1\ 460$ mm,滚筒转速 $n = 40.8$ r/min,牵引速度 $v_q = 0.816$ m/min,模拟煤壁的截割阻抗为 $180 \sim 200$ kN/m,实验得到的锐齿、棱齿、钝齿的侧向载荷谱如图 3.9 所示。

从图 3.9 可知,锐齿、棱齿和钝齿的侧向载荷均沿 y 轴正、负半轴波动,且在零附近呈正负交替变化的趋势。这是由于截齿与煤岩接触时发生强烈挤压,两侧煤岩不同时崩落,因此截齿两侧受力不等,从而产生侧向阻力差值,方向交变现象,侧向载荷均值大小接近于零,单向峰值持续时间较短,不利于截齿的自回转运动。

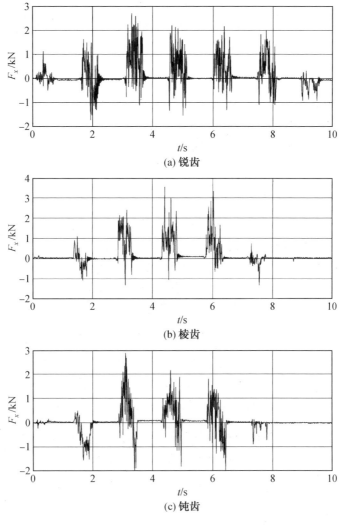

(a) 锐齿

(b) 棱齿

(c) 钝齿

图 3.9　侧向载荷谱

3.2　三向载荷谱的频谱特征

为获得截齿不对称截割与截割载荷谱的内在关系,研究 θ 为 $0°$、$5°$、$10°$ 和 $15°$ 的截齿截割载荷谱。实验用普通镐型截齿,截齿长为 $155\ \mathrm{mm}$,半锥角为 $42.5°$,β 为 $40°$,二次旋转角为 $0°$,截割阻抗 A 为 $180 \sim 200\ \mathrm{kN/m}$,$h_{\max} = 20\ \mathrm{mm}$,滚筒转速为 $40.8\ \mathrm{r/min}$,牵引速度为 $0.82\ \mathrm{m/min}$,截齿截割完整的月牙形($180°$)需要 $0.735\ \mathrm{s}$。

3.2.1　轴向载荷

不同轴向倾斜角的轴向实验载荷谱如图 3.10 所示。图 3.10 中第一个横坐标表示时间,第二个横坐标表示截齿转过的弧度;第一个纵坐标表示截齿所受载荷,第二个纵坐标表示截齿的截割厚度,下同。由图 3.10 可见,不同 θ 的实验条件下,轴向载荷谱的宏观轮廓曲线呈月牙形,其与截齿实际旋转截割煤岩留下的截割面类似,随着截割切削厚度的变化而变化;随着 θ 的增大,截齿齿尖轴向载荷幅值呈增大趋势,在宏观上,载荷方向没有变化。

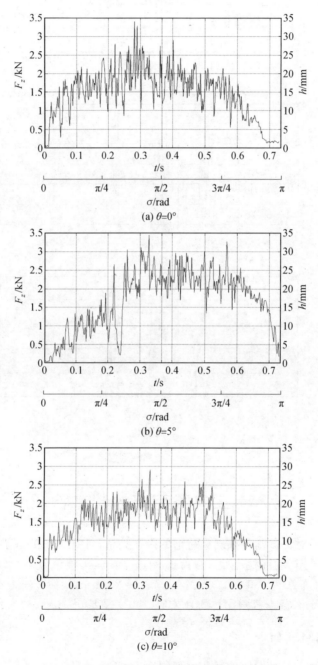

图 3.10　不同轴向倾斜角的轴向实验载荷谱

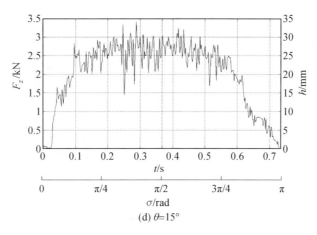

(d) $\theta=15°$

续图 3.10

从图 3.11 和图 3.12 可以看出,随着轴向倾斜角度的增大,轴向载荷在高频段的幅值变化不明显,其幅值沿着零线正负交替波动,低频段轴向载荷幅值呈总体增大趋势。实验曲线的均值和峰值的拟合轮廓线体现了载荷谱的特征量及其截割状态的变化规律。所得到的四组截齿低频段轴向载荷曲线均值轮廓拟合图及其峰值轮廓拟合图与煤壁截割面类似,呈月牙形状,即载荷随着切削厚度的增大而增大,当达到最大切削厚度时,载荷最大,然后又逐渐减小。

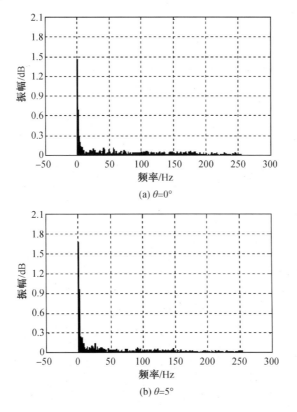

(a) $\theta=0°$

(b) $\theta=5°$

图 3.11 实验轴向载荷二维频谱图

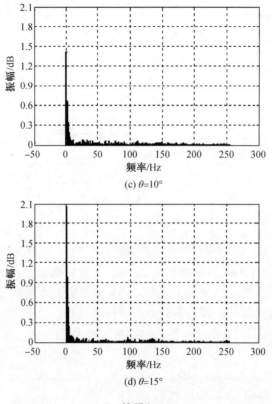

(c) $\theta=10°$

(d) $\theta=15°$

续图 3.11

为了探求截齿轴向载荷的频谱特征,轴向载荷经傅里叶变换,得轴向载荷谱,如图 3.12 所示。由图 3.12 可见,轴向载荷幅值主要集中在低频区域,且主要是频率为 0 Hz 的直流分量部分,当改变 θ 时,其幅值变化有缓慢增加的趋势,其成分来源主要是截齿截割煤岩作用;而高频段轴向载荷幅值极小,主要集中在 0.1 kN 以内,表现为轴向载荷的波动。为进一步分析截齿轴向载荷,采用统一滤波尺度对四组截齿轴向载荷进行高通与低通的滤波处理,分别得出轴向载荷在时域上高频曲线与低频曲线及其拟合曲线,如图3.12 和图 3.13 所示。

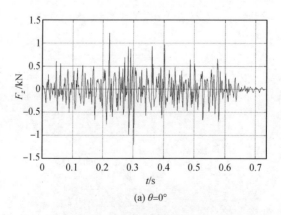

(a) $\theta=0°$

图 3.12 高频段轴向载荷谱

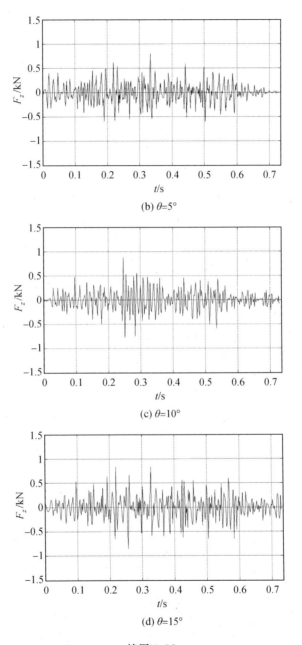

(b) $\theta=5°$

(c) $\theta=10°$

(d) $\theta=15°$

续图 3.12

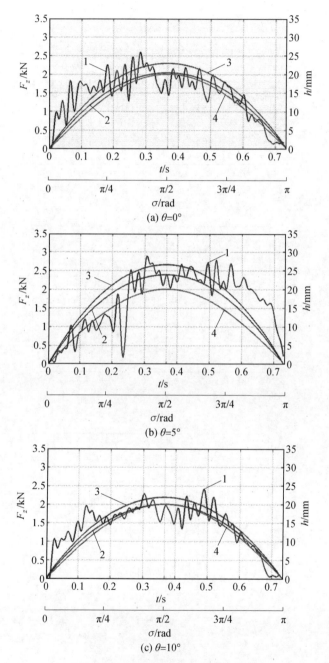

图 3.13　低频段轴向载荷谱
1— 低频段轴向载荷谱;2— 低频段轴向载荷谱均值拟合;3— 低
频段轴向载荷谱峰值拟合;4— 切削厚度曲线

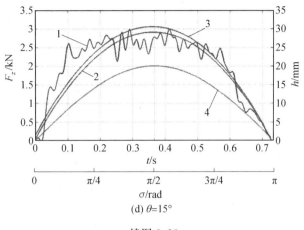

(d) $\theta=15°$

续图 3.13

3.2.2　径向载荷

不同轴向倾斜角的径向载荷谱如图 3.14 所示。在不同 θ 的实验条件下,截齿径向载荷方向没有变化,但是其幅值随 θ 增大呈总体增大的趋势。径向载荷的方向与截齿轴线的方向垂直。随着 θ 的增大,截齿径向载荷幅值有增大的趋势。

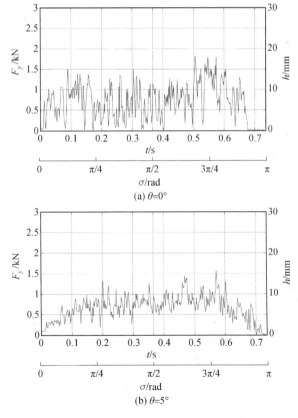

(a) $\theta=0°$

(b) $\theta=5°$

图 3.14　不同轴向倾斜角的径向载荷谱

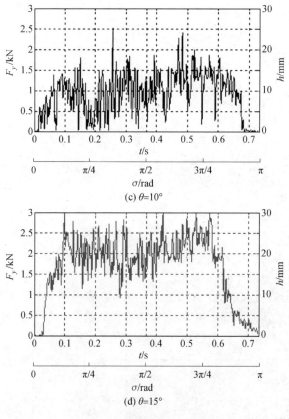

(c) $\theta=10°$

(d) $\theta=15°$

续图 3.14

经傅里叶变换,得径向载荷二维频谱图,如图 3.15 所示。从图 3.15 可以看出,截齿的径向载荷幅值主要集中在低频区域(0～5 Hz 以内),随着截齿轴向倾斜角度的增大,径向载荷低频段幅值随之增大,对于频率为 0 Hz 的直流分量部分,随着轴向倾斜角度的增大,增大得较为明显;高频段幅值对截齿轴向倾斜角度的变化敏感度较弱,其幅值主要集中在 0.5 kN 以内。

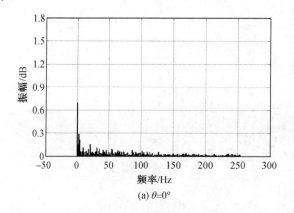

(a) $\theta=0°$

图 3.15　径向载荷二维频谱图

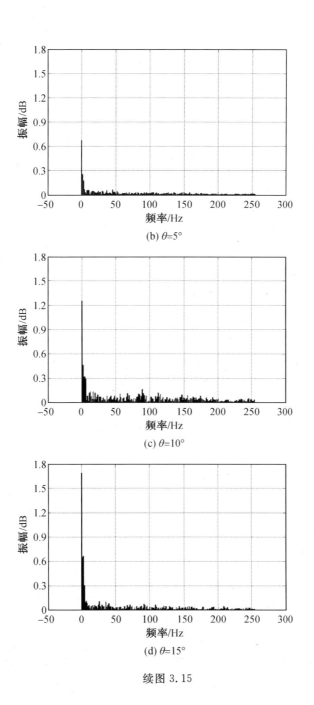

(b) $\theta=5°$

(c) $\theta=10°$

(d) $\theta=15°$

续图 3.15

　　采用统一分解尺度对截齿侧向载荷进行高通与低通的滤波处理,分别获得径向载荷在时域上高频与低频实验曲线及其拟合曲线,如图 3.16 和图 3.17 所示。随着轴向倾斜角度的增大,径向载荷在高频段的变化不明显,幅值沿着零线交替波动,除 $\theta=5°$ 外,幅值变化不明显;径向载荷低频段随着 θ 的增加,幅值总体有增大的趋势,低频段径向载荷曲线轮廓拟合线及其峰值轮廓拟合线均有先增大后减小的趋势。

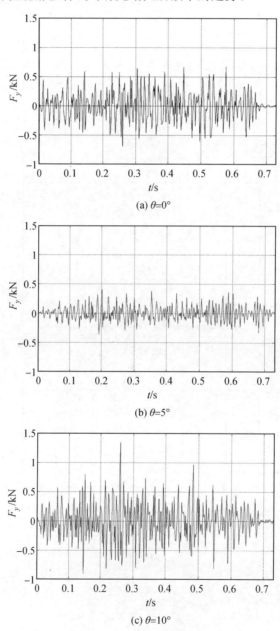

(a) $\theta=0°$

(b) $\theta=5°$

(c) $\theta=10°$

图 3.16　高频段径向载荷谱

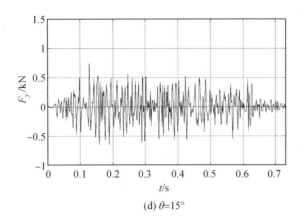

(d) $\theta=15°$

续图 3.16

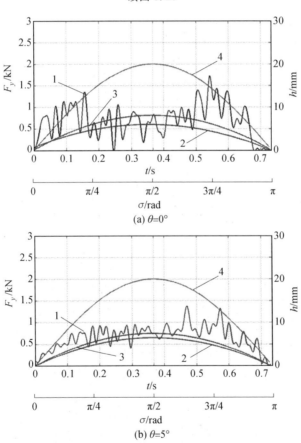

(a) $\theta=0°$

(b) $\theta=5°$

图 3.17　低频段径向载荷谱

1— 低频段径向载荷谱；2— 低频段径向载荷谱均值拟合；3— 低
频段径向载荷谱峰值拟合；4— 切削厚度曲线

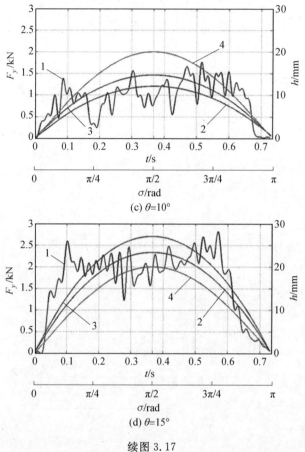

(c) $\theta=10°$

(d) $\theta=15°$

续图 3.17

3.2.3　侧向载荷

不同轴向倾斜角下的实验侧向载荷如图 3.18 所示。由图 3.18 可见,随着 θ 的增大,侧向载荷的大小和方向发生显著变化。当 $\theta=0°$ 时,截齿两侧面与煤岩接触的面积基本相等,侧向载荷方向交变波动;当 $\theta\neq0°$ 时,截割过程中,侧向载荷宏观上整体为负值,说明当截齿向煤壁侧倾斜时,截齿所受侧向载荷方向指向煤壁侧,随着 θ 的增大,侧向载荷幅值增大,在宏观和微观上 $\theta\neq0°$ 时,截齿两侧受到不平衡的侧向载荷,此时,截齿截割煤岩时,由于 θ 的存在,截齿呈现一侧挤压煤岩状态。

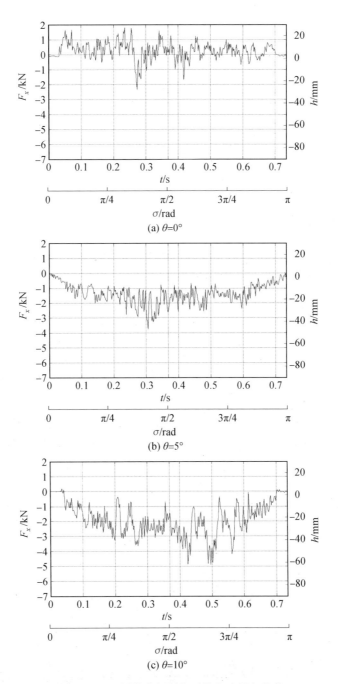

图 3.18 不同轴向倾斜角下的实验侧向载荷

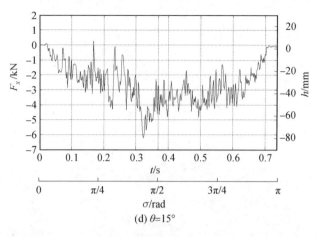

(d) $\theta=15°$

续图 3.18

　　为了得到截齿侧向载荷的频谱特征,经傅里叶变换得侧向载荷二维频谱图,如图 3.19 所示。从图 3.19 可以看出,侧向载荷幅值主要集中在低频区域,随着 θ 的增大,侧向载荷低频段幅值增大,特别是频率为 0 Hz 的直流分量部分,随着 θ 的增大,近似于线性增大;而高频段幅值对 θ 的变化敏感度较弱,其幅值主要集中在 0.5 kN 以内。采用统一分解尺度对截齿侧向载荷进行高通与低通的滤波,分别获得侧向载荷在高频与低频实验曲线及其拟合曲线,如图 3.20 和图 3.21 所示。

　　随着 θ 的增大,侧向载荷在高频段的变化不明显:当 θ 为 0° 时,低频段侧向载荷实验曲线沿着零线正负交替变化,其均值接近 0,这是由于零度截齿截割煤岩时,两侧煤岩崩落交替变化,存在不同步性,但其宏观上是对称崩落的;而随着 θ 的增大,低频段侧向载荷实验曲线逐渐向负方向移动,在宏观和微观上面,截齿两侧受力不平衡,这是因为截齿截割煤岩时,由于 θ 的存在,截齿挤压一侧则煤岩的崩落空间,此时截齿侧向载荷既有截割成分,又有挤压成分,且挤压成分的幅值较大。在不同轴向倾斜角的条件下,截齿轴向载荷、径向载荷和侧向载荷均具有相同的幅频特征。

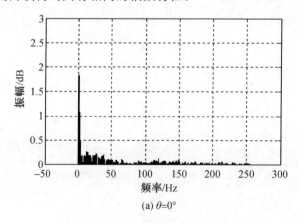

(a) $\theta=0°$

图 3.19　侧向载荷二维频谱图

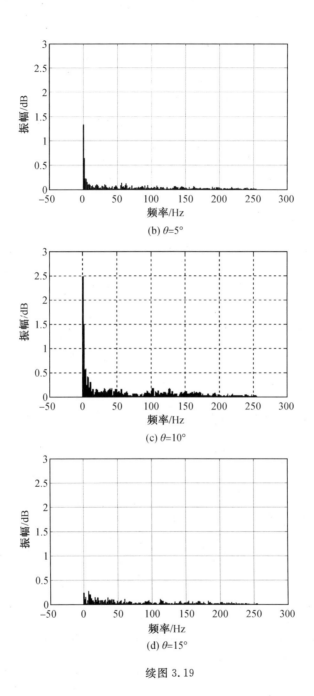

(b) $\theta=5°$

(c) $\theta=10°$

(d) $\theta=15°$

续图 3.19

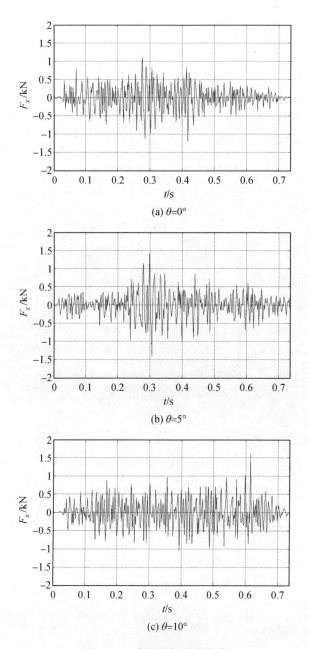

(a) θ=0°

(b) θ=5°

(c) θ=10°

图 3.20　高频段侧向载荷谱

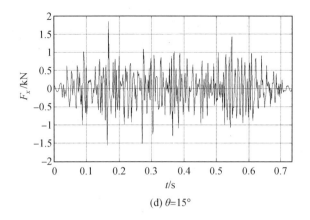

(d) $\theta=15°$

续图 3.20

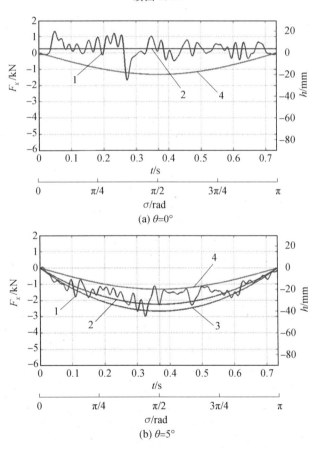

(a) $\theta=0°$

(b) $\theta=5°$

图 3.21　低频段侧向载荷谱

1—低频段侧向载荷谱;2—低频段径向载荷谱均值拟合;3—低
频段径向载荷谱峰值拟合;4—切削厚度曲线

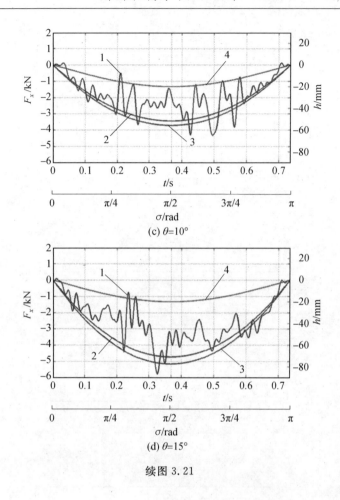

(c) $\theta=10°$

(d) $\theta=15°$

续图 3.21

3.3 侧向载荷的时频谱特征

3.3.1 侧向载荷分布特性研究

实验用的截齿分别为锐齿、棱齿(把锐齿硬质合金头磨成带有棱的)及钝齿。截齿排列为顺序式,截齿楔入角为40°,截割阻抗为180~200 kN/m,切削厚度为20 mm,滚筒转速为41 r/min,牵引速度为0.82 m/min,实验得到侧向载荷如图3.22所示。

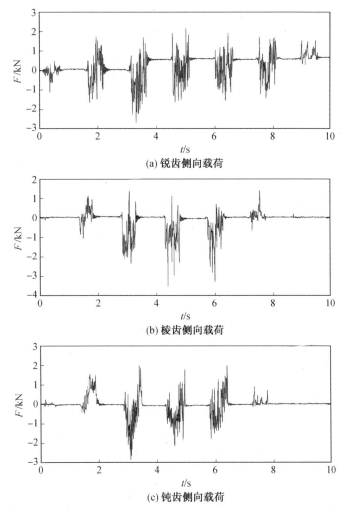

(a) 锐齿侧向载荷

(b) 棱齿侧向载荷

(c) 钝齿侧向载荷

图 3.22　侧向实验载荷

　　为深入具体地研究截齿破碎煤岩侧向载荷的宏观特征,给出其实验曲线轮廓的拟合图,如图 3.23 所示。

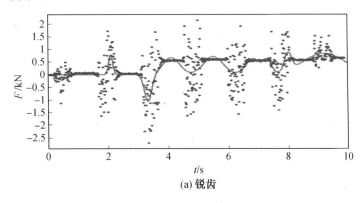

(a) 锐齿

图 3.23　截齿侧向载荷轮廓的拟合

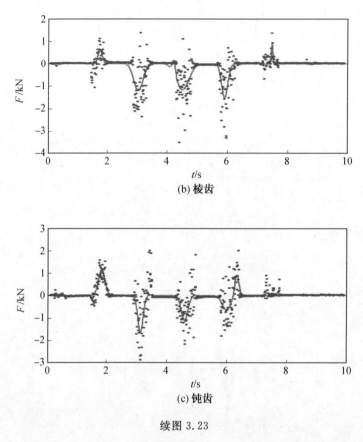

(b) 棱齿

(c) 钝齿

续图 3.23

从图 3.23 可知，三种截齿侧向载荷轮廓的拟合图可宏观描述其侧向载荷的总体分布，截齿每个截割循环侧向载荷分布形态均与煤壁截割面类似，呈月牙形状，即侧向载荷随着切削厚度的增大而增大，当达到最大切削厚度时，侧向载荷最大，然后又逐渐减小。其拟合轮廓图可表征煤岩的崩落形式，即截槽两侧可能同时崩落，也可能一侧先崩落。而截槽一侧先崩落时，说明此时截齿单侧受力较为明显。

1. 侧向载荷分布规律

采用概率论与数理统计分析方法，对图 3.22 进行统计分析，给出了三种不同类型截齿破碎煤岩时附加有正态密度曲线的采样侧向载荷频数直方图，如图 3.24 所示。从图 3.24 的宏观特征可以看出，三种不同类型截齿破碎煤岩侧向载荷采样数据近似正态分布。

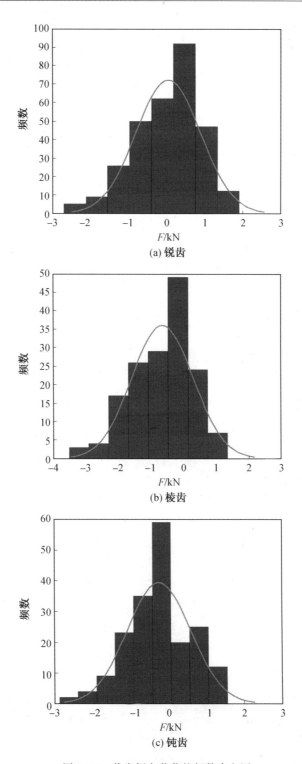

图 3.24　截齿侧向载荷的频数直方图

2. 侧向载荷正态分布检验

三种类型截齿破碎煤岩采样数据是否符合正态分布的检验结果如图 3.25 所示。

从图 3.25(a)可看出,锐齿破碎煤岩采样数据点基本都位于直线上,因此,可以认为该采样数据服从正态分布,其正态分布的均值 mean= 0.040 7 kN,方差 var=0.711 7。由图 3.25(b)可知,棱齿破碎煤岩采样数据点基本都落在直线上,而只有端头的一小部分偏离直线位置,偏离的数据可能是由截齿振动或者煤岩力学性质变化引起的。据此,可认为该采样数据服从正态分布,其正态分布的均值 mean= －0.637 5 kN,方差 var＝0.881 3。由图 3.25(c)可知,钝齿侧向载荷采样数据基本都位于直线上,仅一小部分或大或小地偏离直线,原因在于煤岩力学性质可能发生不同程度的变化,但仍然可认为服从其正态分布,其正态分布的均值 mean＝－0.239 0 kN,方差 var＝0.701 8。

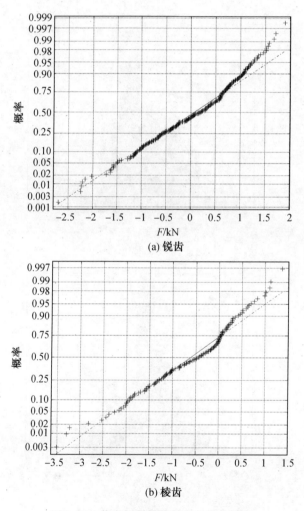

图 3.25 截齿侧向载荷的正态分布检验

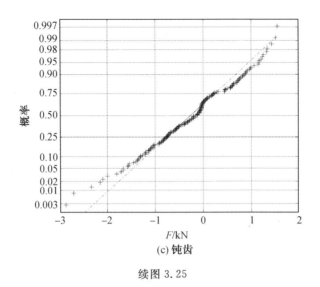

(c) 钝齿

续图 3.25

3.3.2　小波正则化的动态截割载荷时频谱特性

1. 截割实验

利用多截齿参数可调式旋转截割实验台进行截齿旋转破碎煤岩载荷谱测试实验研究,实验条件:六棱形截齿,其截齿长度为 160 mm,齿身长度为 90 mm,齿柄直径为 $\phi 30$,齿尖合金头长度为 14 mm,滚筒转速为 41 r/min,牵引速度为 0.612 m/min,截齿楔入角为 35°,截割阻抗为 180～200 kN/m,切削厚度为 15 mm,测试得到截齿沿轴向方向的截割载荷曲线,如图 3.26 所示。

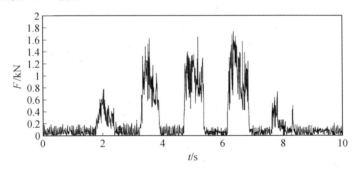

图 3.26　截齿截割煤岩实验载荷谱

2. 实验结果分析

为了更加直观清晰地描述截齿截割破碎煤岩的宏观总体过程,给出了实验载荷谱的宏观轮廓拟合曲线及其峰值轮廓拟合曲线,如图 3.27 所示。

由图 3.27 可知,实验载荷轮廓拟合及其峰值轮廓拟合可表征载荷谱的特征量变化,体现了截割状态总体变化趋势。其载荷谱的每个截割循环曲线轮廓拟合图均与煤壁截割面类似,呈月牙形状,即截割载荷谱随着切削厚度的增大而增大,当达到最大切削厚度时,其截割载荷最大,然后又逐渐减小,与实际采煤机截齿旋转截割煤岩的状态吻合。

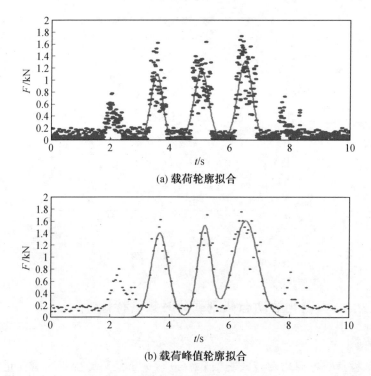

(a) 载荷轮廓拟合

(b) 载荷峰值轮廓拟合

图 3.27 实验载荷谱轮廓曲线

　　截齿破碎煤岩载荷谱分为稳态截割载荷分量和动态截割载荷分量,稳态截割载荷分量可用截割载荷的均值量描述,动态截割载荷分量可以用能量特征来表征。然而实验载荷轮廓拟合曲线表征的是载荷谱的均值量,为稳态的截割载荷分量。为了探讨动态截割载荷分量变化对截割过程的影响,在时域范围内,提取动态载荷谱的能量分布特征,给出其能量分布随截齿截割循环次数的变化规律,如图 3.28 所示。

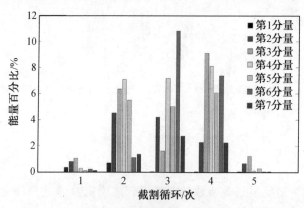

图 3.28 动态载荷的能量分布

　　从图 3.28 可知,截割载荷动态分量的能量百分比随截齿截割循环次数的增加呈先增大后减小的变化,每个截割循环下,其能量分布形状也与截割面类似,呈月牙形状,其原因在于随着切削厚度的增大,截齿破碎煤岩所需能量逐渐增大,当达到最大切削厚度时,需要能量同时达到最大。当煤岩逐渐崩落时,能量逐渐释放,能量百分比逐渐减小。据此,根据小波变换给出了截割载荷的三维时频谱图,如图 3.29 所示。

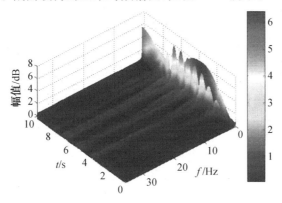

图 3.29　截割载荷三维时频谱图

由图 3.29 可知,当频率为 1～5 Hz 时,截割载荷幅值逐渐减小;当频率大于 5 Hz 时,其幅值下降到一定程度,在一定幅值范围内上下波动。载荷幅值随时间的增长呈先增大后减小的变化。因此,该三维时频谱表明,截割能量集中在低频区域,同时出现特征频率(幅值最大所对应的频率),其可作为载荷谱频域特性的参考量。

3. 小波正则化载荷重构

以截取实验载荷谱曲线峰值最大段的前 0.3 s 曲线为研究对象,$\Delta T = 0.01$,$N = 31$,$\lambda = 0.01$,基向量函数 $\psi_j(t) = 2(\cos 8\pi t + \sin 8\pi t)$,根据上述小波正则化算法给出其重构载荷谱的效果,如图 3.30 所示。

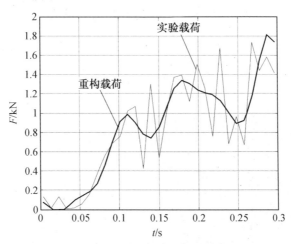

图 3.30　重构载荷谱的效果

图 3.30 表明,截割重构载荷谱的效果比较理想,波形较光滑平稳,其总体趋势与实验有较好的吻合度。为研究重构载荷谱频谱特性的变化,根据小波变换给出了实验与重构载荷三维时频图,如图 3.31 所示。

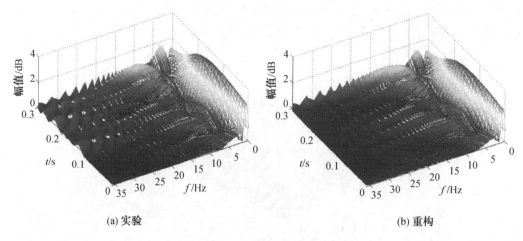

(a) 实验　　　　　　　　　　　　　　(b) 重构

图 3.31　载荷三维时频图

从图 3.31 可知,重构截割载荷幅值在高频段比较光滑平稳,信号极其稳定,表明重构后的载荷谱高频成分被滤掉,其能够清晰表征截割载荷在去噪后的真实截割状态。给出了载荷二维时频谱图,如图 3.32 所示,从图 3.32 可以清晰地看到,随着时间的增长,重构载荷频率与实验载荷频率主要集中连续分布在同一个区域,特征区别不够明显。随频率的增加,实验载荷幅值主要集中在低频段,高频段载荷幅值减小,且不够稳定,重构载荷幅值也集中在低频段,但高频段幅值较小且平稳,表明重构后的载荷噪声较小,其特征便于应用和提取。

为了进一步探索重构后的截割载荷能量分布规律,通过统计分析,给出了镐齿截割载荷谱能量百分比在不同频段的载荷能量分布,如图 3.33 所示。从图 3.33 可知,实验与重构的截割载荷谱能量百分比分布的变化趋势类似,其最大能量百分比主要处在低频段,集中在 1~3 Hz,随着频率的增大,其能量百分比特征逐渐较小,但重构载荷能量百分比特征在高频段内变化不大,而实验载荷能量百分比特征在高频段呈交替增大减小的变化,且两者能量差值变化率在 15% 以内。

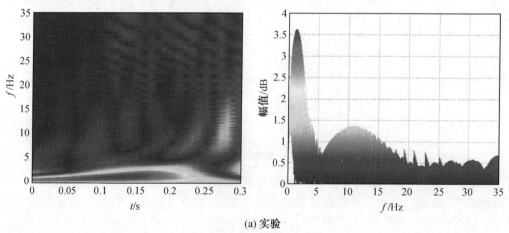

(a) 实验

图 3.32　载荷二维时频谱图

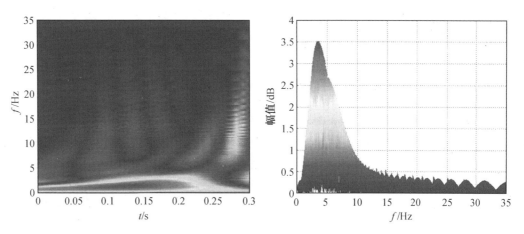

(b) 重构

续图 3.32

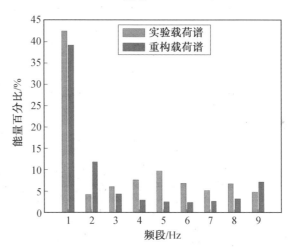

图 3.33　不同频段的载荷能量分布

第4章 典型优化设计方法

优化问题是指满足一定条件下,在众多方案或参数值中寻找最优方案或参数值,以使某个或多个功能指标达到最优,或使系统的某些性能指标达到最大值或最小值。优化问题广泛地存在于信号处理、图像处理、生产调度、任务分配、模式识别、自动控制和机械设计等众多领域。优化方法是一种以数学为基础,用于求解各种优化问题的应用技术。各种优化方法在上述领域得到了广泛应用,并且已经产生了巨大的经济效益和社会效益。实践证明,优化方法能够提高系统效率,降低能耗,合理地利用资源,并且随着处理对象规模的增加,这种效果也会更加明显,在采煤机械领域得到广泛的应用。

4.1 传统优化方法

解决一个优化设计问题,一般要经过两个阶段:首先,将设计问题转换为一个数学模型,该数学模型既要全面反映工程技术问题中各个主要因素之间的内在联系及其物理现象的本质特征,又要抓住问题的主要矛盾,以便顺利地求解;其次,根据数学模型中的函数性质,选用合适的优化方法,通过计算机得出的最优化结果做出分析和正确的判断,确定出最佳优化设计方案。

优化设计的方法很多,在机械工程设计中所用的优化方法大多属于数学规划法,而采煤机械领域的优化问题中,大多数是非线性规划问题,其是优化方法中最庞大的一类,由于问题的复杂性和多样性,非线性规划难以建立可解决所有问题的、统一的、有效的方法。非线性优化问题的解法多种多样,其中经典的解法分类见表4.1。

表 4.1　非线性问题经典的解法分类

变量	解法			特点	区别
一维变量	黄金分割法 多项式插值法 进退法 平分法			利用区间消去原理缩短搜索区间,即确定搜索步长	迭代过程中,产生搜索步长的方法不同
多维变量	无约束条件	直接搜索	鲍威尔法 随机方向法 坐标轮换法 模式搜索法	利用迭代过程已有信息和再生信息进行试探和求优,不需要用到函数的导数和分析性质	迭代过程中,产生搜索方向的方法不同
		间接搜索	牛顿法 梯度法 共轭梯度法 变尺度法	利用函数的性态,通过微分和变分求优	

续表 4.1

变量	解法			特点	区别
多维变量	有约束条件	直接搜索	网络法 复合形法 随机计算点法 正交网络法	适用于仅含不等式约束的优化问题。新的迭代点必须限制在不等式约束构成的可行域内,且保证目标函数值的稳定下降	可行域直接搜索的确定原理不同
		间接搜索	惩罚函数法 拉格朗日乘子式法 增广矩阵法 可行方向法 序列规划法 二次规划法	将复杂的约束优化问题转化为一系列简单的、容易解决的子问题	转化为无约束问题求解
					构造某种形式的线性规划问题或二次规划子问题

优化方法通常需要有机结合在一起来构成解决实际问题完整的方法。常用无约束优化方法和有约束优化方法的特点及应用见表 4.2、表 4.3。

表 4.2　常用无约束优化方法的特点及应用

分类	优化方法	方法的特点	适用范围
直接搜索法	鲍威尔法	一种直接算法,属于共轭方向法。因此,既具有直接法的共同优点,又具有两次收敛性,收敛速度较快,可靠性也较好,被认为是直接搜索法中最有效的算法之一	适用于维数较高的优化问题
	坐标轮换法	最简单的直接算法之一,只需要计算函数,无须求导,方法易懂,程序简单,使用时准备工作量小,占用内存小。但是计算效率偏低,可靠性差,当目标函数等值线具有脊线形态时可能失败	用于维数较低(一般),或目标函数无导数存在,或虽存在但不易求得的情况
	模式搜索法	具有沿有力方向加速搜索的特性,故对目标函数等值线存在脊线形态时才有效,其他特点同坐标轮换法	同坐标轮换法,对函数性态的适应性更好

续表 4.2

分类	优化方法		方法的特点	适用范围
间接搜索法	梯度法		要计算一阶偏导数,方法简单,可靠性较好,能稳定地使函数值下降,迭代点离最优点较远时,函数下降的速度很快,但当迭代点逼近最优点时,收敛速度极慢。此外,对初始点要求不严格	目标函数必须存在一阶偏导数,适用于复杂函数的初始搜索
	牛顿法		具有二次收敛性,尤其在最优点附近收敛极快。但需要计算一阶、二阶偏导数及 Hessian 矩阵的逆阵,故程序复杂,占用内存大,要求 Hessian 矩阵非奇异且正定或负定。对初始点要求不严格	目标函数应具有一阶、二阶偏导数;Hessian 矩阵非奇异,且维数不易太高
	共轭梯度法		共轭方向法之一。仅需计算函数的一阶偏导数,编程容易,准备加工量比牛顿法小,收敛速度快,收敛速度远超过梯度法,但比牛顿法简化。有效性比 DFP 法差	适用于维数(50 维以上)较高,易于求一阶偏导数的目标函数
	变尺度法	DFP 法	共轭方向法之一。对初始点要求不高,只需计算一阶偏导数,收敛速度快,效果好。其缺点是计算校正矩阵的程序复杂,占用内存大,且存在数值不稳定、不够理想的情况	适用于维数较高,具有一阶偏导数的目标函数
		BFGS 法	其基本特点同 DFP 法,但比 DFP 法更具有数值的稳定性	

表 4.3　常用有约束优化方法的特点及应用

优化方法	方法的特点	适用范围
复合形法	方法简单,对目标函数和约束函数均无特殊要求,应用较广,有一定的收敛精度,但收敛速度一般较慢。若用随机投点法产生初始复合形,则通常计算量较大	适用于变量较少的问题,不适用于有等式约束的问题
网络法	算法简单,对目标函数性态要求不高,可求得全域最优解,特别适用于具有离散变量的问题,但对连续变量应给出各变量的区间,计算量大	适用于变量维数不大于 8,约束个数不太多(一般小于 10)的问题

续表 4.3

优化方法		方法特点	适用范围
正交网络法		该法利用正交表均匀地选取网络法中一部分有代表性的网络点作为计算点,具有网络法的全部优点,但克服了网络法计算工作量大的缺点	适用于中小型优化问题,不仅可求解约束优化问题,也能求解无约束优化问题
约束随机方向搜索法		方法简单,使用方便,对目标函数性态无特殊要求,一般收敛较快,但计算精度较低,对严重非线性问题一般只能提供较近似的最优解	
惩罚函数法	内点法	将约束优化问题转化为一系列无约束优化问题,初始点是严格的可行点,初始惩罚因子对收敛速度和迭代成败的影响较大,应用范围广	适用于中小型不等式约束优化问题
	外点法	初始点可任选,其余同内点法	适用于中小型非一般线性约束优化问题,但较多用于等式约束优化问题
	混合点法	分内点式混合函数和外点式混合函数	适用于中小型一般非线性约束优化问题
增广乘子法		将约束优化问题转化为一系列无约束优化问题,基本搜索策略同外点惩罚函数法,但其惩罚因子不必趋于无穷大,因而效果比惩罚函数法更好,数值稳定性也更好,迭代中要用到函数值和函数一阶偏导数的信息	对于中小型、大型约束优化问题均适用,且计算稳定性好
广义简约梯度法		将一般非线性约束优化问题转化成目标函数为非线性、约束函数为线性的优化问题,收敛快,精度高,求解范围广,明显优于惩罚函数法	对于中小型、大型约束优化问题均适用,且计算稳定性好
序列二次规划算法		将一般非线性约束优化问题转化为二次规划子问题求解,迭代不仅用到函数值和函数一阶偏导数的信息,而且用到二阶偏导数的信息,因而收敛快,精度高	

4.2　常见现代优化方法

在电子、通信、计算机、自动化、机器人、经济学和管理学等众多学科中,不断地出现了许多复杂的组合优化问题。面对这些大型的优化问题,传统的优化方法(如牛顿法、单纯形法等)需要遍历整个搜索空间,无法在短时间内完成搜索,且容易产生搜索的"组合爆炸"。例如,许多工程优化问题往往需要在复杂而庞大的搜索空间中寻找最优解或者准最优解。鉴于实际工程问题的复杂性、非线性、约束性以及建模困难等诸多特点,寻求高效的优化算法已成为相关学科的主要研究内容之一。

受到人类智能、生物群体社会性或自然现象规律的启发,人们发明了很多智能的优化算法来解决上述复杂优化问题,主要包括:模仿自然界生物进化机制的遗传算法;通过群体内个体间的合作与竞争来优化搜索的差分进化算法;模拟生物免疫系统学习和认知功能的免疫算法;模拟蚂蚁集体寻径行为的蚁群算法;模拟鸟群和鱼群群体行为的粒子群算法;源于固体物质退火过程的模拟退火算法;模拟人类智力记忆过程的禁忌搜索算法;模拟动物神经网络行为特征的神经网络算法;等等。这些算法有个共同点,即都是通过模拟或揭示某些自然界的现象和过程或生物群体的智能行为而得到发展;在优化领域称它们为智能优化算法,它们具有简单、通用、便于并行处理等特点。

4.2.1　进化类算法

自然界的生物体在遗传、选择和变异等一系列作用下,优胜劣汰,不断地由低级向高级进化和发展,人们将这种"适者生存"进化规律的实质加以模式化,从而构成该种优化算法,即进化计算。进化计算是一系列的搜索技术,包括遗传算法(Genetic Algorithm,GA)、进化规划、进化策略等,它们在函数优化、模式识别、机器学习、神经网络训练、智能控制等众多领域都有着广泛的应用。

其中,遗传算法是进化计算中具有普遍影响的模拟进化优化算法。为了求解切比雪夫多项式问题,Rainer Storn 和 Kenneth Price 根据这种进化思想提出了差分进化算法(Differential Evolution,DE)。它是一种采用实数编码、在连续空间中进行随机搜索、基于群体迭代的新兴进化算法,具有结构简单、性能高效的特点。而免疫算法(Immune Algorithm,IA)是模仿生物免疫机制,结合基因的进化机理,人工地构造出的一种新型智能搜索算法。该算法具有一般免疫系统的特征,它采用群体搜索策略,通过迭代计算,最终以较大的概率得到问题的最优解,属于进化算法的变种算法。

(1)遗传算法。

遗传算法是模拟生物在自然环境中的遗传和进化过程,从而形成的自适应全局优化搜索算法。它起源于 20 世纪 60 年代人们对自然和人工自适应系统的研究,最早由美国 J. H. Holland 教授提出,并于 80 年代由 D. J. Goldberg 在一系列研究工作的基础上归纳总结而成。

遗传算法是通过模仿自然界生物进化机制而发展起来的随机全局搜索和优化方法,它借鉴了达尔文的进化论和孟德尔的遗传学说,使用"适者生存"的原则,本质上是一种并行、高效、全局搜索的方法；它能在搜索过程中自动获取和积累有关搜索空间的知识，并自适应地控制搜索过程以求得最优解。

（2）差分进化算法。

差分进化算法最初用于解决切比雪夫多项式问题，后来发现该算法也是解决复杂优化问题的有效技术。

差分进化算法是一种新兴的进化计算技术，它基于群体智能理论，是通过群体内个体间的合作与竞争产生的智能优化搜索算法。但相比于进化计算，差分进化算法保留了基于种群的全局搜索策略，采用实数编码、基于差分的简单变异操作和"一对一"的竞争生存策略，降低了进化计算的复杂性。同时，差分进化算法具有较强的全局收敛能力和鲁棒性（又称稳健性），且不需要借助问题的特征信息，适用于求解一些利用常规的数学规划方法很难求解甚至无法求解的复杂优化问题。

（3）免疫算法。

最早的免疫系统模型由 Jerne 于 1973 年提出，他基于 Burnet 的克隆选择学说，开创了独特型网络理论，给出了免疫系统的数学框架，并采用微分方程建模来仿真淋巴细胞的动态变化。Farmal 等人于 1986 年基于免疫网络学说理论构造出免疫系统的动态模型，展示了免疫系统与其他人工智能方法相结合的可能性，开创了免疫系统研究的先河。

免疫算法是模仿生物免疫机制，结合基因的进化机理，人工构造出的一种新型智能搜索算法。免疫算法具有一般免疫系统的特征，它采用群体搜索策略，通过迭代计算，最终以较大的概率得到问题的最优解。相比于其他算法，免疫算法克服了一般寻优过程中（特别是多峰值的寻优过程中）不可避免的"早熟"问题，可求得全局最优解，具有自适应性、随机性、并行性、全局收敛性、种群多样性等优点。

4.2.2　群智能算法

群智能指的是"无智能的主体通过合作表现出智能行为的特性"，是一种基于生物群体行为规律的计算技术。它受社会昆虫（如蚂蚁、蜜蜂）和群居脊椎动物（如鸟群、鱼群和兽群）的启发，用来解决分布式问题。它在没有集中控制并且不提供全局模型的前提下，为寻找复杂的分布式问题的解决方案提供了一种新的思路。

群智能方法易于实现，其算法中仅涉及各种基本的数学操作，其数据处理过程对 CPU 和内存的要求也不高。而且，这种方法只需要目标函数的输出值，而不需要其梯度信息。已完成的群智能理论和应用方法研究证明，群智能方法是一种能够有效解决大多数全局优化问题的新方法。近年来，群智能理论研究领域出现了众多算法，如蚁群算法（Ant Colony Optimization，ACO）、粒子群（Particle Swarm Optimization，PSO）算法、鱼群算法、蜂群算法、猫群算法、狼群算法、鸡群算法、雁群算法、文化算法、杂草算法、蝙蝠算法、布谷鸟算法、果蝇算法、蛙跳算法、细菌觅食算法、萤火虫算法、烟花算法和头脑风暴算法等。其中，蚁群算法和粒子群算法是最主要的两种群智能算法。前者是对蚂蚁群体食物采集过程的模拟，已成功应用于许多离散优化问题；后者起源于对简单社会系统的模拟，最初是模拟鸟群觅食的过程，但后来发现它是一种很好的优化算法。

（1）蚁群算法。

蚂蚁在寻找食物时，能在其走过的路径上释放一种特殊的分泌物——信息素。随着时间的推移，该物质还会逐渐挥发，后来的蚂蚁选择该路径的概率与当时这条路径上信息素的强度成正比。当一条路径上通过的蚂蚁越来越多时，其留下的信息素也越来越多，后来的蚂蚁选择该路径的概率也就越高，从而更增加了该路径上信息素的强度。而强度大的信息素会吸引更多的蚂蚁，从而形成一种正反馈机制。通过这种正反馈机制，蚂蚁最终可以发现最短路径。

蚁群算法就是通过模拟自然界中蚂蚁集体寻径行为而提出的一种基于种群的启发式随机搜索算法，是群智能理论研究领域的一种重要算法。

蚁群算法具有分布式计算、无中心控制和分布式个体之间间接通信等特征，易于与其他优化算法结合，已经广泛应用于优化问题的求解。

（2）粒子群算法。

粒子群算法是 Kennedy 和 Eberhart 受人工生命研究结果的启发，通过模拟鸟群觅食过程中的迁徙和群聚行为而提出的一种基于群体智能的全局随机搜索算法；1995 年，IEEE 国际神经网络学术会议上发表了题为"Particle Swarm Optimization"的论文，标志着粒子群算法的正式诞生。粒子群算法因其算法简单、容易实现而成为研究热点之一。

与其他进化算法一样，粒子群算法也基于"种群"和"进化"的概念，通过个体间的协作与竞争，实现复杂空间最优解的搜索。但是，它对个体不进行交叉、变异、选择等进化算子操作，而是将群体中的个体看成是在四维搜索空间中没有质量和体积的粒子，每个粒子以一定的速度在解空间运动，并向自身历史最佳位置和群体历史最佳位置聚集，实现对候选解的进化。

粒子群算法因具有很好的生物社会背景而易于理解，由于参数少而容易实现，对非线性、多峰问题均具有较强的全局搜索能力，因此在科学研究与工程实践中得到了广泛关注。

4.2.3　模拟退火算法

模拟退火（Simulated Annealing，SA）算法是一种基于 Monte Carlo 迭代求解策略的随机寻优算法，它基于物理中固体物质的退火过程与一般组合优化问题之间的相似性，其目的在于为具有 NP（Non-deterministic Polynomial）复杂性的问题提供有效的近似求解算法。该算法克服了传统算法优化过程容易陷入局部极值的缺陷和对初值的依赖性。

作为一种通用的优化算法，模拟退火算法是局部搜索算法的扩展，但又与局部搜索算法不同：它以一定的概率选择邻域中目标值大的状态。从理论上来说，它是一种全局最优算法。模拟退火算法采用了许多独特的方法和技术，具有十分强大的全局搜索性能；虽然它看起来是一种盲目的搜索方法，但实际上有着明确的搜索方向。

4.2.4　禁忌搜索算法

人工智能在各应用领域中被广泛地使用。搜索是人工智能的一个基本问题，一个问题的求解过程就是搜索。搜索技术渗透在各种人工智能系统中，可以说，没有哪一种人工智能的应用不用搜索技术。

禁忌搜索(Tabu Search or Taboo Search,TS)算法以其灵活的存储结构和相应的禁忌准则来避免迂回搜索,在智能算法中独树一帜,成为一个研究热点,受到国内外学者的广泛关注。禁忌搜索算法是对局部邻域搜索的一种扩展,它在通过禁忌准则来避免重复搜索的同时,通过藐视准则来赦免一些被禁忌的优良状态,进而保证多样化的有效搜索,以最终实现全局优化。

4.2.5　神经网络算法

人工神经网络(Artificial Neural Network,ANN)简称神经网络或称为连接模型。1943 年,形式神经元的数学模型的提出开创了神经科学理论研究的时代。1982 年,J. J. Hopfield 提出了具有联想记忆功能的 Hopfield 神经网络,引入了能量函数的原理,给出了网络的稳定性判据。这一成果标志着神经网络的研究取得了突破性的进展。

神经网络是一种模仿生物神经系统的新型信息处理模型,具有独特的结构,其显著的特点如下:具有非线性映射能力;不需要精确的数学模型;擅长从输入输出数据中学习有用知识;容易实现并行计算;由大量的简单计算单元组成,易于用软硬件实现;等等。所以,人们期望它能够解决一些用传统方法难以解决甚至无法解决的问题。迄今为止,已经出现了许多神经网络模型及相应的学习算法,其中 BP 网络的误差反向后传(Back Propagation,BP)学习算法是一种最常用的神经网络算法。

4.3　遗传算法

遗传算法借鉴了达尔文的进化论和孟德尔的遗传学说,其本质是一种并行、高效、全局搜索的方法,它能在搜索过程中自动获取和积累有关搜索空间的知识,并自适应地控制搜索过程以求得最优解。遗传算法操作:使用"适者生存"的原则,在潜在的解决方案种群中逐次产生一个近似最优的方案。在遗传算法的每一代中,根据个体在问题域中的适应度值和从自然遗传学中借鉴来的再造方法进行个体选择,产生一个新的近似解。这个过程导致种群中个体的进化,得到的新个体比原个体更能适应环境,就像自然界中的改造一样。

同传统的优化方法相比,遗传算法具有对参数的编码进行操作,不需要推导和附加信息,寻优规则非确定性、自组织性、自适应性和自学习性等特点。当染色体结合时,双亲的遗传基因的结合使得子女保持父母的特征;染色体结合后,随机的变异会造成子代同父代的不同。

4.3.1　遗传算法描述

简单而言,遗传算法使用群体搜索技术,用种群代表一组问题解,通过对当前种群施加选择、交叉和变异等一系列遗传操作来产生新一代的种群,并逐步使种群进化到包含近似最优解的状态。由于遗传算法是自然遗传学与计算机科学相互渗透而形成的计算方法,所以遗传算法中经常会使用一些有关自然进化的基础术语,其中的术语对应关系见表

4.4。

表 4.4 遗传学与遗传算法术语对应关系

遗传学术语	遗传算法术语
群体	可行解集
个体	可行解
染色体	可行解的编码
基因	可行解编码的分量
基因形式	遗传编码
适应度	评价函数值
选择	选择操作
交叉	交叉操作
变异	变异操作

(1)群体和个体。群体是生物进化过程中的一个集团,表示可行解集。个体是组成群体的单个生物体,表示可行解。

(2)染色体和基因。染色体是包含生物体所有遗传信息的化合物,表示可行解的编码。基因是控制生物体某种性状(即遗传信息)的基本单位,表示可行解编码的分量。

(3)遗传编码。遗传编码将优化变量转化为基因的组合表示形式,优化变量的编码机制有二进制编码、十进制编码(实数编码)等。

(4)适应度。适应度即生物群体中个体适应生存环境的能力。在遗传算法中,用来评价个体优劣的数学函数,称为个体的适应度函数。

4.3.2　遗传算法的基本特点

遗传算法是模拟生物在自然环境中的遗传和进化的过程而形成的一种并行、高效、全局搜索的方法,它主要有以下特点。

(1)遗传算法以决策变量的编码作为运算对象。这种对决策变量的编码处理方式,使得在优化计算过程中可以借鉴生物学中染色体和基因等概念,模仿自然界中生物的遗传和进化等的机理,方便地应用遗传操作算子。特别是对一些只有代码概念而无数值概念或很难有数值概念的优化问题,编码处理方式更显示出了其独特的优越性。

(2)遗传算法直接以目标函数值作为搜索信息。它仅使用由目标函数值变换来的适应度函数值,就可确定进一步的搜索方向和搜索范围,而不需要目标函数的导数值等其他辅助信息。实际应用中很多函数无法或很难求导,甚至根本不存在导数,对于这类目标函数的优化和组合优化问题,遗传算法就显示了其高度的优越性,因为它避开了函数求导这个障碍。

(3)遗传算法同时使用多个搜索点的搜索信息。遗传算法对最优解的搜索程度,是从一个由很多个体所组成的初始群体开始的,而不是从单一的个体开始的。对这个群体所进行的选择、交叉、变异等运算,产生出新一代的群体,其中包括了很多群体信息。这些信息可以避免搜索一些不必搜索的点,相当于搜索了更少的点,这是遗传算法特有的一种隐含并行性。

(4)遗传算法是一种基于概率的搜索技术。遗传算法属于自适应概率搜索技术,其选择、交叉、变异等运算都是以一种概率的方式来进行的,从而增加了其搜索过程的灵活性。虽然这种概率特性会导致群体中产生一些适应度不高的个体,但随着进化过程的进行,新的群体中总会更多地产生出优良的个体。与其他一些算法相比,遗传算法的鲁棒性使得参数对其搜索效果的影响尽可能小。

(5)遗传算法具有自组织、自适应和自学习等特性。当遗传算法利用进化过程获得信息自行组织搜索时,适应度大的个体具有较高的生存概率,并获得更适应环境的基因结构。同时,遗传算法具有可扩展性,易于同别的算法相结合,生成综合双方优势的混合算法。

4.3.3 遗传算法简介

标准遗传算法的主要本质特征在于群体搜索策略和简单的遗传算子,这使得遗传算法获得了强大的全局最优解搜索能力、问题域的独立性、信息处理的并行性、应用的鲁棒性和操作的简明性,从而成为一种具有良好适应性和可规模化的求解方法。但大量的实践和研究表明,标准遗传算法存在局部搜索能力差和"早熟"等缺陷,不能保证算法收敛。

在现有的许多文献中出现了针对标准遗传算法的各种改进算法,并取得了一定的成效。它们主要集中在对遗传算法的性能有重大影响的六个方面:编码机制、选择策略、交叉算子、变异算子、特殊算子和参数设计(包括群体规模、交叉概率、变异概率)等。

此外,遗传算法与差分进化算法、免疫算法、蚁群算法、粒子群算法、模拟退火算法、禁忌搜索算法、神经网络算法和量子计算等结合起来所构成的各种混合遗传算法,可以综合遗传算法和其他算法的优点,提高运行效率和求解质量。

4.3.4 遗传算法流程

遗传算法使用群体搜索技术,通过对当前群体施加选择、交叉、变异等系列遗传操作,从而产生出新一代的群体,并逐步使群体进化到包含或接近最优解的状态。

在遗传算法中,将 n 维决策向量 $\boldsymbol{X}=[x_1,x_2,\cdots,x_n]^{\mathrm{T}}$ 用 n 个记号 $X_i(i=1,2,\cdots,n)$ 所组成的符号串 X 来表示:

$$X=X_1X_2\cdots X_n \Rightarrow \boldsymbol{X}=[x_1,x_2,\cdots,x_n]^{\mathrm{T}} \tag{4.1}$$

把每一个 X_i 看作一个遗传基因,它的所有可能取值就称为等位基因,这样,X 就可看作由 n 个遗传基因所组成的一个染色体。一般情况下,染色体的长度是固定的,但对一些问题来说,它也可以是变化的。根据不同的情况,这里的等位基因可以是一组整数,也可以是某一范围内的实数,或者是一个纯粹的记号。最简单的等位基因是由 0 或 1 的符号串组成的,相应的染色体就可以表示为一个二进制符号串。这种编码所形成的排列形式是个体的基因型,与它对应的 X 值是个体的表现型。染色体 X 也称为个体 X,对于每一个个体 X,要按照一定的规则确定其适应度。个体的适应度与其对应的个体表现型 X 的目标函数值相关联,X 越接近目标函数的最优点,其适应度越大;反之,适应度越小。

在遗传算法中,决策向量 X 组成了问题的解空间。对问题最优解的搜索是通过对染色体 X 的搜索过程来完成的,因而所有的染色体 X 就组成了问题的搜索空间。

生物的进化过程主要是通过染色体之间的交叉和染色体基因的变异来完成的。与此相对应,遗传算法中最优解的搜索过程正是模仿生物的这个进化过程,进行反复迭代,从第 t 代群体 $P(t)$,经过一代遗传和进化后,得到第 $t+1$ 代群体 $P(t+1)$。这个群体不断地经过遗传和进化操作,并且每次都按照优胜劣汰的规则将适应度较高的个体更多地遗传到下一代,这样最终在群体中将会得到一个优良的个体 X,达到或接近问题的最优解。

遗传算法的运算流程的具体步骤如下。

(1)初始化。设置进化代数计数器 $g=0$,设置最大进化代数 G,随机生成 N_P 个个体作为初始群体 $P(0)$。

(2)个体评价。计算群体 $P(t)$ 中各个个体的适应度。

(3)选择运算。将选择算子作用于群体,根据个体的适应度,按照一定的规则或方法,选择一些优良个体遗传到下一代群体。

(4)交叉运算。将交叉算子作用于群体,对选中的成对个体以某一概率交换它们之间的部分染色体,产生新的个体。

(5)变异运算。将变异算子作用于群体,对选中的个体以某一概率改变某一个或某一些基因值为其他的等位基因。

(6)循环操作。群体 $P(t)$ 经过选择、交叉和变异运算之后得到下一代群体 $P(t+1)$。计算其适应度值,并根据适应度值进行排序,准备进行下一次遗传操作。

(7)终止条件判断。若 $g \leqslant G$,则 $g=g+1$,转到步骤(2);若 $g>G$,则此进化过程中所得到的具有最大适应度的个体作为最优解输出,终止计算。

4.3.5　关键参数说明

下面介绍一下遗传算法的主要参数,它在程序设计与调试中起着至关重要的作用。

(1)群体规模 N_P。群体规模将影响遗传优化的最终结果以及遗传算法的执行效率。当群体规模 N_P 太小时,遗传优化性能一般不会太好。采用较大的群体规模可以减小遗传算法陷入局部最优解的机会,但较大的群体规模意味着计算复杂度较高。一般 N_P 取 $10\sim200$。

(2)交叉概率 P_c。交叉概率 P_c 控制着交叉操作被使用的频度。较大的交叉概率可以增强遗传算法开辟新的搜索区域的能力,但高性能的模式遭到破坏的可能性增大;若交叉概率太低,遗传算法搜索可能陷入迟钝状态。一般 P_c 取 $0.25\sim1.00$。

(3)变异概率 P_m。变异在遗传算法中属于辅助性的搜索操作,它的主要目的是保持群体的多样性。一般低频度的变异可防止群体中重要基因的可能丢失,高频度的变异将使遗传算法趋于纯粹的随机搜索。通常 P_m 取 $0.001\sim0.1$。

(4)遗传运算的终止进化代数 G。终止进化代数 G 是表示遗传算法运行结束条件的一个参数,它表示遗传算法运行到指定的进化代数之后就停止运行,并将当前群体中的最佳个体作为所求问题的最优解输出。一般视具体问题而定,G 的取值可在 $100\sim1\ 000$ 之间。

4.4　粒子群算法

粒子群算法来源于对鸟类群体活动规律性的研究,进而利用群体智能建立一个简化的模型。它模拟鸟类的觅食行为,将求解问题的搜索空间比作鸟类的飞行空间,将每只鸟抽象成一个没有质量和体积的粒子,用它来表征问题的一个可行解,将寻找问题最优解的过程看成鸟类寻找食物的过程,进而求解复杂的优化问题。粒子群算法与其他进化算法一样,也是基于"种群"和"进化"的概念,通过个体间的协作与竞争,实现对复杂空间最优解的搜索。同时,它又不像其他进化算法那样对个体进行交叉、变异、选择等算子操作,而将群体中的个体看作在 D 维搜索空间中没有质量和体积的粒子,每个粒子以一定的速度在解空间运动,并向自身历史最佳位置和群体历史最佳位置聚集,实现对候选解的进化。粒子群算法具有很好的生物社会背景而易于理解,由于参数少而容易实现,对非线性、多峰问题均具有较强的全局搜索能力,在科学研究与工程实践中得到了广泛关注。目前,该算法已广泛应用于函数优化、神经网络训练、模式分类、模糊控制等领域。

4.4.1　粒子群算法的描述

鸟类在捕食过程中,鸟群成员可以通过个体之间的信息交流与共享获得其他成员的发现与飞行经历。在食物源零星分布并且不可预测的条件下,这种协作机制所带来的优势是决定性的,远远大于食物竞争所引起的劣势。粒子群算法受鸟类捕食行为的启发并对这种行为进行模仿,将优化问题的搜索空间类比于鸟类的飞行空间,将每只鸟抽象为一个粒子,粒子无质量、无体积,用以表征问题的一个可行解,优化问题所要搜索到的最优解则等同于鸟类寻找的食物源。粒子群算法为每个粒子制订了与鸟类运动类似的简单行为规则,使整个粒子群的运动表现出与鸟类捕食相似的特性,从而可以求解复杂的优化问题。

粒子群算法的信息共享机制可以解释为一种共生合作的行为,即每个粒子都在不停地进行搜索,并且其搜索行为在不同程度上受到群体中其他个体的影响;这些粒子还具备对所经历最佳位置的记忆能力,即其搜索行为在受其他个体影响的同时,还受到自身经验的引导。基于独特的搜索机制,粒子群算法首先生成初始种群,即在可行解空间和速度空间随机初始化粒子的速度与位置,其中粒子的位置用于表征问题的可行解,然后通过种群间粒子个体的合作与竞争来求解优化问题。

4.4.2　粒子群算法的特点

粒子群算法本质是一种随机搜索算法,它是一种新兴的智能优化技术。该算法能以较大概率收敛于全局最优解。实践证明,它适合在动态、多目标优化环境中寻优,与传统优化算法相比,具有较快的计算速度和更好的全局搜索能力。

(1)粒子群算法是基于群智能理论的优化算法,通过群体中粒子间的合作与竞争产生的群体智能指导优化搜索。与其他算法相比,粒子群算法是一种高效的并行搜索算法。

(2)粒子群算法与遗传算法都是随机初始化种群,使用适应值来评价个体的优劣程度和进行一定的随机搜索。但粒子群算法根据自己的速度来决定搜索,没有遗传算法的交叉与变异。与进化算法相比,粒子群算法保留了基于种群的全局搜索策略,但是其采用的速度-位移模型操作简单,避免了复杂的遗传操作。

(3)由于每个粒子在算法结束时仍保持其个体极值,即粒子群算法除了可以找到问题的最优解外,还会得到若干较好的次优解,因此将粒子群算法用于调度和决策问题可以给出多种有意义的方案。

(4)粒子群算法特有的记忆使其可以动态地跟踪当前搜索情况并调整其搜索策略。另外,粒子群算法对种群的大小不敏感,即使种群数目下降时,性能下降也不大。

4.4.3　粒子群算法的改进方向

粒子群优化算法存在一定的早熟性和局部寻优效率低等问题。许多学者提出了改进的粒子群算法,以防止其陷入局部极值,从而达到更好的寻优效果。为了保证粒子群算法的多样性,避免粒子群算法的早熟现象,可将很多混合优化算法与粒子群算法结合,比如利用遗传算法、差分进化算法、蚁群算法、细菌方法、梯度下降法、支持向量机、模拟退火算法、量子行为、混沌现象与粒子群算法结合。通过判断粒子的聚集程度和目标函数的变化量,自动调节粒子总个数、惯性权值、加速因子、网络拓扑结构图等,以保证较好平衡探索能力和开发能力。

粒子群算法包括迭代过程,在迭代过程中存在发散、收敛和交替等多种复杂动态特征,可根据对粒子群算法的稳态收敛性分析和谱分析,给出判断单步单粒子的收敛状态或者发散状态的依据,实现自适应算子的自动切换,提高粒子群算法的优化精度,增强可控性。

4.4.4　粒子群算法流程

粒子群算法基于"种群"和"进化"的概念,通过个体间的协作与竞争,实现复杂空间最优解的搜索,其流程如下。

(1)初始化粒子群,包括群体规模 N,每个粒子的位置 x_i 和速度 v_i。

(2)计算每个粒子的适应度值 $\text{fit}[i]$。

(3)对每个粒子,用它的适应度值 $\text{fit}[i]$ 和个体极值 $p_{\text{best}}(i)$ 比较。如果 $\text{fit}[i]<p_{\text{best}}(i)$,则用 $\text{fit}[i]$ 替换掉 $p_{\text{best}}(i)$。

(4)对每个粒子,用它的适应度值 $\text{fit}[i]$ 和全局极值 g_{best} 比较,如果 $\text{fit}[i]<g_{\text{best}}$,则用 $\text{fit}[i]$ 替换掉 g_{best}。

(5)迭代更新粒子的速度 v_i 和位置 x_i。

(6)进行边界条件处理。

(7)判断算法终止条件是否满足:若是,则结束算法并输出优化结果;否则返回步骤(2)。

4.4.5　关键参数说明

在粒子群优化算法中,控制参数的选择能够影响算法的性能和效率;如何选择合适的控制参数使算法性能最佳,是一个复杂的优化问题。在实际的优化问题中,通常根据使用者的经验来选取控制参数。粒子群算法的控制参数主要包括:粒子种群规模 N,惯性权重,加速系数 c_1 和 c_2,最大速度 v_{max},停止准则,邻域结构的设定,边界条件处理等。

(1)粒子种群规模 N。粒子种群大小的选择视具体问题而定,但是一般设置粒子数为 20～50。对于大部分的问题,10 个粒子已经可以取得很好的结果;不过对于比较难的问题或者特定类型的问题,粒子的数量可以取到 100 或 200。另外,粒子数目越大,算法搜索的空间范围就越大,也就更容易发现全局最优解;当然,算法运行的时间也越长。

(2)惯性权重 w。惯性权重 w 是标准粒子群算法中非常重要的控制参数,可以用来控制算法的开发和探索能力。惯性权重的大小表示了对粒子当前速度继承的多少。当惯性权重值较大时,全局寻优能力较强,局部寻优能力较弱;当惯性权重值较小时,全局寻优能力较弱,局部寻优能力较强。惯性权重的选择通常有固定权重和时变权重。固定权重就是选择常数作为惯性权重值,在进化过程中其值保持不变,一般取值范围为 $[0.8, 1.2]$;时变权重则是设定某一变化区间,在进化过程中按照某种方式逐步减小惯性权重。时变权重的选择包括变化范围和递减率。固定的惯性权重可以使粒子保持相同的探索和开发能力,而时变权重可以使粒子在进化的不同阶段拥有不同的探索和开发能力。

(3)加速系数 c_1 和 c_2。加速系数 c_1 和 c_2 分别调节向 p_{best} 和 g_{best} 方向飞行的最大步长,它们分别决定粒子个体经验和群体经验对粒子运行轨迹的影响,反映粒子群之间的信息交流。如果 $c_1 = c_2 = 0$,则粒子将以当前的飞行速度飞到边界。此时,粒子仅能搜索有限的区域,所以难以找到最优解。如果 $c_1 = 0$,则为"社会"模型,粒子缺乏认知能力,而只有群体经验,它的收敛速度较快,但容易陷入局部最优;如果 $c_2 = 0$,则为"认知"模型,没有社会的共享信息,个体之间没有信息的交互,所以找到最优解的概率较小,一个规模为 D 的群体等价于运行了 N 个各行其是的粒子。因此,一般设置 $c_1 = c_2$,通常可以取 $c_1 = c_2 = 1.5$。这样,个体经验和群体经验就有了同样重要的影响力,使得最后的最优解更精确。

(4)粒子的最大速度 v_{max}。粒子的速度在空间中的每一维上都有一个最大速度限制值 v_{dmax},用来对粒子的速度进行限制,使速度控制在范围 $[-v_{max}, +v_{dmax}]$ 内,这决定问题空间搜索的力度,该值一般由用户自己设定。v_{max} 是一个非常重要的参数,如果该值太大,则粒子们也许会飞过优秀解区域;而如果该值太小,则粒子们可能无法对局部最优区域以外的区域进行充分的探测。它们可能会陷入局部最优,而无法移动足够远的距离跳出局部最优,达到空间中更佳的位置。研究者指出,设定 v_{max} 和调整惯性权重的作用是等效的,所以 v_{max} 一般用于对种群的初始化进行设定,即将 v_{max} 设定为每维变量的变化范围,而不再对最大速度进行细致的选择和调节。

(5)停止准则。最大迭代次数、计算精度或最优解的最大停滞步数 Δt(或可以接受的满意解)通常认为是停止准则,即算法的终止条件。根据具体的优化问题,停止准则的设定需同时兼顾算法的求解时间、优化质量和搜索效率等多方面因素。

(6)邻域结构的设定。全局版本的粒子群算法将整个群体作为粒子的邻域,具有收敛速度快的优点,但有时算法会陷入局部最优。局部版本的粒子群算法将位置相近的个体作为粒子的邻域,收敛速度较慢,不易陷入局部最优值。实际应用中,可先采用全局粒子群算法寻找最优解的方向,即得到大致的结果,然后采用局部粒子群算法在最优部分点附近进行精细搜索。

(7)边界条件处理。当某一维或若干维的位置或速度超过设定值时,采用边界条件处理策略可将粒子的位置限制在可行搜索空间内,这样能避免种群的膨胀与发散,也能避免粒子大范围地盲目搜索,从而提高了搜索效率。具体的方法有很多种,比如通过设置最大位置限制 x_{max} 和最大速度限制 v_{max},当超过最大位置或最大速度时,在取值范围内随机产生一个数值代替,或者将其设置为最大值,即边界吸收。

4.5　模拟退火算法

模拟退火算法是一种通用的优化算法,是局部搜索算法的扩展。它不同于局部搜索算法之处是以一定的概率选择邻域中目标值大的劣质解。从理论上说,它是一种全局最优算法。模拟退火算法以优化问题的求解与物理系统退火过程的相似性为基础,利用Metropolis(默察波利斯)算法并适当地控制温度的下降过程来实现模拟退火,从而达到求解全局优化问题的目的。

模拟退火算法具有十分强大的全局搜索性能,这是因为比起普通的优化方法,它采用了许多独特的方法和技术;在模拟退火算法中,基本不用搜索空间的知识或者其他的辅助信息,而只是定义邻域结构,在其邻域结构内选取相邻解,再利用目标函数进行评估;模拟退火算法不是采用确定性规则,而是采用概率的方式,仅仅是作为一种工具来引导其搜索过程朝着更优化解的区域移动。因此,虽然它看起来是一种盲目的搜索方法,但实际上有着明确的搜索方向。

4.5.1　模拟退火算法的描述

模拟退火的主要思想是:在搜索区间随机游走(即随机选择点),再利用 Metropolis 抽样准则,使随机游走逐渐收敛于局部最优解。而温度是 Metropolis 算法中的重要控制参数,可以认为这个参数的大小控制了随机过程向局部或全局最优解移动的快慢。

Metropolis 是一种有效的重点抽样法,其算法为:系统从一个能量状态变化到另一个状态时,相应的能量从 E_1 变化到 E_2,其概率为

$$p = \exp\left(-\frac{E_2 - E_1}{T}\right) \tag{4.2}$$

如果 $E_2 < E_1$,则系统接受此状态;否则,以一个随机的概率接受或丢弃此状态。状态 2 被接受的概率为

$$p(1 \rightarrow 2) = \begin{cases} 1 & (E_2 < E_1) \\ \exp\left(-\dfrac{E_2 - E_1}{T}\right) & (E_2 \geqslant E_1) \end{cases} \tag{4.3}$$

这样经过一定次数的迭代,系统会逐渐趋于一个稳定的分布状态。

重点抽样时,新状态下如果向下,则接受(局部最优);若向上(全局搜索),则以一定的概率接受。模拟退火算法从某个初始解出发,经过大量解的变换后,可以求得给定控制参

数值时组合优化问题的相对最优解。然后减小控制参数 T 的值,重复执行 Metropolis 算法,就可以在控制参数 T 趋于零时,最终求得组合优化问题的整体最优解。控制参数 T 的值必须缓慢衰减。

温度是 Metropolis 算法的一个重要控制参数,模拟退火可视为递减控制参数 T 时 Metropolis 算法的迭代。开始时 T 值大,可以接受较差的恶化解;随着 T 的减小,只能接受较好的恶化解。

在无限高温时,系统立即均匀分布,接受所有提出的变换。T 的衰减越小,到达终点的时间越长;但可使马尔可夫(Markov)链减小,以使到达准平衡分布的时间变短。

4.5.2　模拟退火算法的特点

模拟退火算法适用范围广,求得全局最优解的可靠性高,算法简单,便于实现;该算法的搜索策略有利于避免其搜索过程陷入局部最优解的缺陷,有利于提高求得全局最优解的可靠性。模拟退火算法具有十分强的鲁棒性,这是因为比起普通的优化搜索方法,它采用了许多独特的方法和技术。主要有以下几个方面。

(1)以一定的概率接受恶化解。

模拟退火算法在搜索策略上不仅引入了适当的随机因素,而且还引入了物理系统退火过程的自然机理。这种自然机理的引入,使模拟退火算法在迭代过程中不仅接受使目标函数值变“好”的点,而且还能够以一定的概率接受使目标函数值变“差”的点。迭代过程中出现的状态是随机产生的,并且不强求后一状态一定优于前一状态,接受概率随着温度的下降而逐渐减小。很多传统的优化算法往往是确定性的,从一个搜索点到另一个搜索点的转移有确定的转移方法和转移关系,这种确定性往往可能使得搜索点远达不到最优点,因而限制了算法的应用范围。而模拟退火算法以一种概率的方式来进行搜索,增加了搜索过程的灵活性。

(2)引进算法控制参数。

引进类似于退火温度的算法控制参数,它将优化过程分成若干阶段,并决定各个阶段下随机状态的取舍标准,接受函数由 Metropolis 算法给出一个简单的数学模型。模拟退火算法有两个重要的步骤:一是在每个控制参数下,由前迭代点出发,产生邻近的随机状态,由控制参数确定的接受准则决定此新状态的取舍,并由此形成一定长度的随机马尔可夫链;二是缓慢降低控制参数,提高接受准则,直至控制参数趋于零,状态链稳定于优化问题的最优状态,从而提高模拟退火算法全局最优解的可靠性。

(3)对目标函数要求少。

传统搜索算法不仅需要利用目标函数值,往往还需要目标函数的导数值等其他一些辅助信息才能确定搜索方向;当这些信息不存在时,算法就失效了。而模拟退火算法不需要其他的辅助信息,而只是定义邻域结构,在其邻域结构内选取相邻解,再用目标函数进行评估。

4.5.3　模拟退火算法改进方向

在确保一定要求的优化质量基础上,提高模拟退火算法的搜索效率,是对模拟退火算法改进的主要内容。有如下可行的方案:选择合适的初始状态;设计合适的状态产生函数,使其根据搜索进程的需要表现出状态的全空间分散性或局部区域性;设计高效的退火过程;改进对温度的控制方式;采用并行搜索结构;设计合适的算法终止准则;等等。

(1)增加记忆功能。为避免搜索过程中由于执行概率接受环节而遗失当前遇到的最优解,可通过增加存储环节将到目前为止的最好状态存储下来。

(2)增加升温或重升温过程。在算法进程的适当时机,将温度适当提高,从而可激活各状态的接受概率,以调整搜索进程中的当前状态,避免算法在局部极小解处停滞不前。

(3)对每一当前状态,采用多次搜索策略,以概率接受区域内的最优状态,而不是标准模拟退火算法的单次比较方式。

(4)与其他搜索机制的算法(如遗传算法、免疫算法等)相结合,可以综合其他算法的优点,提高运行效率和求解质量。

4.5.4　模拟退火算法流程

模拟退火算法新解的产生和接受可分为如下三个步骤。

(1)由一个产生函数从当前解产生一个位于解空间的新解;为便于后续的计算和接受,减少算法耗时,通常选择由当前解经过简单变换即可产生新解的方法。注意:产生新解的变换方法决定了当前新解的邻域结构,因而对冷却进度表的选取有一定的影响。

(2)判断新解是否被接受,判断的依据是一个接受准则,最常用的接受准则是Metropolis 准则;若 $\Delta E < 0$,则接受 X' 作为新的当前解 X;否则,以概率 $\exp(-\Delta E/T)$ 接受 X' 作为新的当前解 X。

(3)当新解被确定接受时,用新解代替当前解,这只需将当前解中对应于产生新解时的变换部分予以实现,同时修正目标函数值即可。此时,当前解实现了一次迭代,可在此基础上开始下一轮实验。若当新解被判定为舍弃,则在原当前解的基础上继续下一轮实验。

模拟退火算法求得的解与初始解状态(算法迭代的起点)无关,具有渐近收敛性,已在理论上被证明是种以概率 1 收敛于全局最优解的优化算法。模拟退火算法可以分解为解空间、目标函数和初始解三部分。该算法具体流程如下。

(1)初始化:设置初始温度 T_0(充分大)、初始解状态 X_0(是算法迭代的起点)、每个 T 值的迭代次数 L。

(2)对 $k = 1, \cdots, L$ 进行第(3)～(6)步操作。

(3)产生新解 X'。

(4)计算增量 $\Delta E = E(X') - E(X)$,其中 $E(X)$ 为评价函数。

(5)$\Delta E < 0$,则接受 X' 作为新的当前解;否则,以概率 $\exp(-\Delta E/T)$ 接受 X' 作为新的当前解。

(6)如果满足终止条件,则输出当前解作为最优解,结束程序。

(7)T 逐渐减少,且 $T \to 0$,然后转第(2)步。

4.5.5　关键参数说明

模拟退火算法的性能质量高,比较通用,而且容易实现。不过,为了得到最优解,该算法通常要求较高的初温以及足够多次的抽样,这使算法的优化时间往往过长。从算法结构可知,新的状态产生函数、初温、退温函数、马尔可夫链长度和算法停止准则,是直接影响算法优化结果的主要环节。

(1)状态产生函数。设计状态产生函数应该考虑到尽可能地保证所产生的候选解遍布全部解空间。一般情况下,状态产生函数由两部分组成,即产生候选解的方式和产生候选解的概率分布。候选解的产生方式由问题的性质决定,通常在当前状态的邻域结构内以一定概率产生。

(2)初温。温度 T 在算法中具有决定性的作用,它直接控制着退火的走向。由随机移动的接受准则可知,初温越大,获得高质量解的概率就越大,且 Metropolis 的接收率约为 1。然而,初温过高会使计算时间增加。为此,可以均匀抽样一组状态,以各状态目标值的方差为初温。

(3)退温函数。退温函数即温度更新函数,用于在外循环中修改温度值。目前,最常用的温度更新函数为指数退温函数,即 $T(n-1) = K \times T(n)$,其中 $0 < K < 1$ 是一个非常接近于 1 的常数。

(4)马尔可夫链长度 L 的选取。马尔可夫链长度是在等温条件下进行迭代优化的次数,其选取原则是在衰减参数 T 的变减函数已选定的前提下,L 应选得在控制参数的每取值上都能恢复准平衡,一般 L 取 100~1 000。

(5)算法停止准则。算法停止准则用于决定算法何时结束。可以简单地设置温度终值 T_f,当 $T = T_f$ 时算法终止。然而,模拟退火算法的收敛性理论中要求 T 趋于零,这其实是不实际的。常用的停止准则包括:设置终止温度的阈值,设置迭代次数阈值,或者当搜索到的最优值连续保持不变时停止搜索。

第5章 采煤机滚筒的优化设计

采煤机螺旋滚筒作为采煤机的工作机构,既要截煤,又要装煤。因而,它的结构和性能的好坏对采煤机的总体结构和整机性能以及适用条件有决定性的影响。为此,采用优化设计的方法,建立采煤机螺旋滚筒结构和运转参数优化的数学模型,并通过此模型,在一般的技术、经济条件下,求得滚筒各参数间的合理匹配,使滚筒的性能最优。

5.1 采煤机滚筒布置形式

常见的采煤机截割部滚筒布置形式如图 5.1 所示。图 5.1(a)、(b)为截割部滚筒传统布置形式,摇臂宽度较大,阻碍装煤,降低装煤效率。为减小摇臂宽度的影响,方法一是摇臂远离滚筒布置,方法二是设置截割链,由截割链传递动力,方法三是滚筒倾斜一定角度布置,三者均能减小摇臂的阻碍作用,三种布置形式如图 5.1(c)、(d)、(e)所示。

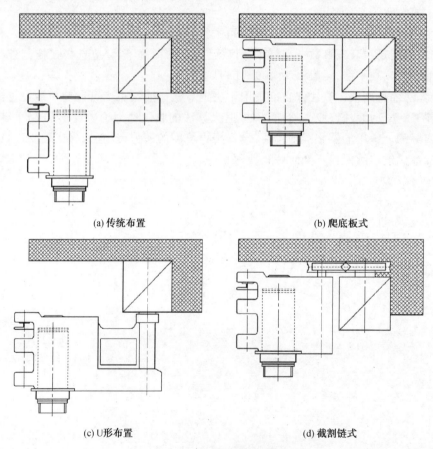

(a) 传统布置   (b) 爬底板式

(c) U形布置   (d) 截割链式

图 5.1　采煤机截割部滚筒布置形式

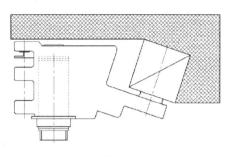

(e) 滚筒倾斜布置

续图 5.1

上述三种布置形式降低了摇臂对滚筒装煤的阻碍,但并没有完全消除摇臂的影响。为完全释放滚筒的装煤能力,作者团队开发一种滚筒倾斜布置截割部,具体如图 5.2 所示,σ 为滚筒倾斜角度,(°)。截割部摇臂靠近煤壁侧,完全消除摇臂对滚筒装煤的阻碍,同时滚筒倾斜布置改变了滚筒叶片的推煤方向,叶片推煤方向更向前,滚筒抛煤方向指向刮板输送机,减小了滚筒出煤口与刮板输送机的距离。

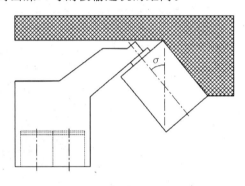

图 5.2　滚筒倾斜布置截割部

滚筒结构参数与采煤机截割部布置形式有直接关系。滚筒倾斜布置改变了截割部传统布置形式,滚筒结构参数应适应传动系统要求。滚筒结构参数给定后,运用三维建模软件 SolidWorks 绘制出螺旋滚筒的三维模型,如图 5.3 所示。

图 5.3　螺旋滚筒

1—阶梯轮毂;2—辅助叶片;3—截齿;4—齿座;5—螺旋叶片

由图 5.3 可知,滚筒轮毂为阶梯轮毂,轮毂直径较大则用于摇臂与滚筒的行星齿轮传动,较小则用于滚筒装煤。截齿垂直滚筒轴线布置,轴向倾斜角 $\theta = 0$,截齿径向安装角 $\beta_0 = 45°$,截齿顺序式排列,滚筒中间截齿截线距为 70 mm,端盘截齿截线距较小,最小为 10 mm。

滚筒倾斜布置截割部采用双电机驱动,其目的是增大滚筒破碎硬煤和夹矸的能力。由图 5.4 可知,齿轮减速系统全部包含在截割部壳体内,摇臂减速器由三级定轴齿轮传动、一级锥齿轮传动和一级行星齿轮传动组成。与传统截割部传动系统相比,滚筒倾斜布置截割部增加了一级锥齿轮传动,用于改变摇臂布置角度和滚筒倾斜角度。为避免摇臂与煤壁干涉,通过理论计算,滚筒倾斜 40°时摇臂不会与煤壁干涉。传动系统三维模型如图 5.4 所示,截割部壳体如图 5.5 所示,完整的滚筒倾斜布置截割部装配体如图 5.6 所示,截割部壳体实体如图 5.7 所示。

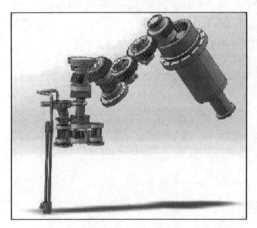

图 5.4 传动系统三维模型

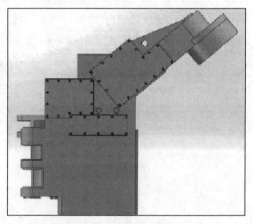

图 5.5 截割部壳体

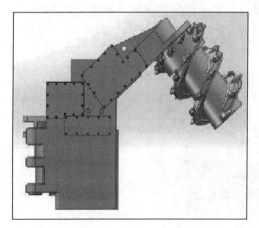

图 5.6 截割部装配体

图 5.7 截割部壳体实体

5.2　螺旋滚筒设计的基本参数关系

5.2.1　基本运动参数

1. 螺旋滚筒转速

螺旋滚筒转速是采煤机的主要运动参数之一,它对装煤效率和块煤率的影响较大,同时,对工作面粉尘量大小也有显著的影响。一般认为大直径螺旋滚筒转速在 $30\sim50$ r/min 范围内较合适,现代采煤机随着总装机功率和螺旋滚筒直径的增大、结构改进,滚筒转速逐渐有降低的趋势,最低转速可达 $15\sim20$ r/min。特别是大直径螺旋滚筒,转速不宜过高,最好应使截割线速度为 $3\sim4$ m/s。但对于开采薄煤层的小直径螺旋滚筒,由于叶片高度矮,叶片之间的运煤空间小,为保证装煤效率,其转速可达 80 r/min 以上。本小节仅从装煤的角度来分析螺旋滚筒转速 n。

螺旋滚筒的装煤生产率应大于落煤生产率,这样才能避免螺旋滚筒不被煤岩堵塞,使截落下来的煤岩能顺利输送出去。采煤机螺旋滚筒装煤能力 Q_z 的一般表达式为

$$Q_z = \frac{\pi}{4} n (D_y^2 - D_g^2) \left(S - \frac{\delta}{\cos \alpha_y} \right) Z \psi_z \tag{5.1}$$

当考虑煤岩与叶片间的摩擦条件时,式(5.1)则有

$$Q_z = \frac{\pi}{4} n (D_y^2 - D_g^2) \left(S - \frac{\delta}{\cos \alpha_y} \right) Z \psi_z \frac{\sin \alpha_y \cos (\alpha_y + \rho_m)}{\cos \rho_m} \tag{5.2}$$

式中　δ——螺旋叶片的厚度,m;

　　　　ψ_z——螺旋滚筒卸载端的断面利用系数。

断面利用系数 ψ_z 的变化范围比较宽,一般 $\psi_z \approx 0.11\sim0.58$,它取决于装煤口断面积 F_0 与当量煤流断面积 F_e 之比。当量煤流断面积是假设螺旋滚筒内的落煤与叶片之间没有滑动,由叶片摩擦力引起落煤沿着螺旋滚筒轴线方向移动时的煤流截面面积,即

$$F_e = \frac{\pi (D_y^2 - D_g^2) \left(S - \dfrac{\delta}{\cos \alpha_y} \right)}{4S} \tag{5.3}$$

在设计时,装煤口断面积取

$$F_0 \geqslant (0.5\sim0.7) F_e$$

由实验得出表 5.1 的断面利用系数 ψ_z 值。

表 5.1　断面利用系数 ψ_z

F_0/F_e	D_y/m			
	0.71	1.0	1.25	1.8
0.3	0.13~0.21	0.14~0.25	0.16~0.27	0.17~0.30
0.5	0.21~0.28	0.24~0.34	0.26~0.36	0.29~0.39
0.7	0.29~0.32	0.33~0.37	0.36~0.40	0.40~0.44
1.0	0.34~0.41	0.40~0.48	0.42~0.55	0.46~0.58

断面利用系数 ψ_z 还可利用下面的拟合统计公式求得

$$\psi_z = 0.44\sqrt{D_c}\left(0.9\frac{F_0}{F_e}+0.1\right)$$

螺旋滚筒应有的装煤能力为

$$Q_t = Jv_qD_c\lambda k \tag{5.4}$$

式中　λ——煤岩的松散系数，$\lambda = 1.5\sim1.7$；

　　　k——应由螺旋滚筒装出的煤量系数，$k = \dfrac{D_c\lambda-(D_c-D_y)}{D_c\lambda}$。

当 $Q_z = Q_t$ 时，根据式(5.1)、式(5.3)和式(5.4)，可以求得满足螺旋滚筒装煤而不被堵塞时的临界转速 n_Z：

$$n_Z = \frac{4Jv_qD_c\lambda k}{\pi(D_y^2-D_g^2)\left(S-\dfrac{\delta}{\cos\alpha_y}\right)Z\psi_Z}$$

或　　　$$n_Z = \frac{4Jv_qD_c\lambda k}{\pi(D_y^2-D_g^2)\left(S-\dfrac{\delta}{\cos\alpha_y}\right)Z\psi_Z}\frac{\cos\rho_m}{\sin\alpha_y\cos(\alpha_y+\rho_m)} \tag{5.5}$$

装煤时，若螺旋滚筒既不被煤堵塞，又不易形成循环煤，则螺旋滚筒转速应满足

$$n_Z \leqslant n \leqslant n'$$

上式中的 n' 是防止碎煤抛过筒毂时的转速，对于 $D_c = 0.5\sim0.6$ m 的螺旋滚筒，$n' = 80\sim120$ r/min；对于 $D_c = 1.8\sim2.0$ m 的螺旋滚筒，$n' = 30\sim40$ r/min。

2. 采煤机牵引速度

采煤机牵引速度对于普通螺旋滚筒采煤机来说，它包括两方面：一方面是指非工作状态下的最大牵引速度；另一方面是指螺旋滚筒截割状态下采煤机的工作牵引速度，通常所说的牵引速度就是指螺旋滚筒工作状态下的牵引速度。工作牵引速度的大小决定采煤机的生产能力，同时也对切屑厚度、螺旋滚筒载荷以及截割比能耗有着重要影响。采煤机工作牵引速度的大小与煤岩的物理力学性能、截齿排列形式、叶片头数和螺旋滚筒转速等参数有关，一般工作牵引速度在 $5\sim10$ m/min，目前对于薄煤层采煤机，工作牵引速度还要低一些。在非截煤时，采煤机调动速度已达到 20 m/min 以上，目前最大可达 50 m/min。

5.2.2　螺旋滚筒参数间的关系

1. 螺旋滚筒转速与螺旋升角的关系

螺旋滚筒转速和螺旋升角对装煤过程的影响较复杂，目前，对其取值尚无统一看法。一般可根据大量实验数据归纳出的统计公式来确定两者的关系。

英国矿业研究院的专家学者使用缩小为八分之一的螺旋滚筒模型进行模化实验，对实验结果分析后，得出螺旋滚筒装煤效果与牵引速度 v_q(m/s)、螺旋滚筒转速 n(r/s)和螺旋滚筒叶片升角之间的关系，最终确定叶片的最佳螺旋升角：

$$\alpha = 0.1566+8.533\left(\frac{2v_q}{n}\right)^{0.8}\left(\frac{gR_c}{v_q^2}\right)^{0.5}\left(\frac{R_c}{B_y}\right)^{0.25} \tag{5.6}$$

式中　R_c——螺旋滚筒半径，m；

B_y——螺旋滚筒容煤宽度，m；

g——重力加速度，$g=9.8$ m/s²。

对于二头叶片的螺旋滚筒，其满足装载时的最佳转速：

$$\omega_2=\frac{v_q}{R_c}\left(\frac{gR_c}{v_q^2}\right)^{0.4}\cos\alpha(\cos\alpha-0.42\sin\alpha)\left(\left|\left(\frac{R_c}{B_y}\right)^{1.7}-0.9\right|+2\right) \tag{5.7}$$

对于三头叶片的螺旋滚筒，其最佳转速可由下式确定：

$$\omega_3=0.94\omega_2 \tag{5.8}$$

式(5.6)表示对于给定螺旋滚筒转速下的最佳螺旋升角，而式(5.7)表示对于给定螺旋升角下的最佳螺旋滚筒转速，因而可将上述两式联立，得到最佳的螺旋升角 α_{opt} 和最佳的螺旋滚筒的转速 ω_{opt}：

$$\begin{cases}\alpha_{opt}=0.156\ 6+8.533\left(\dfrac{v_q}{\pi\omega_{opt}}\right)^{0.8}\left(\dfrac{gR_c}{v_q}\right)^{0.5}\left(\dfrac{R_c}{B_y}\right)^{0.25}\\[2ex]\omega_{opt}=\dfrac{v_q}{R_c}\left(\dfrac{gR_c}{v_q^2}\right)^{0.4}\cos\alpha_{opt}(\cos\alpha_{opt}-0.42\sin\alpha_{opt})\left(\left|\left(\dfrac{R_c}{B_y}\right)^{1.7}-0.9\right|+2\right)\end{cases} \tag{5.9}$$

式(5.9)是一个非线性方程组，α_{opt}、ω_{opt} 不能通过解析法直接求得，一般可用迭代法在计算机上求出。

2. 螺旋滚筒转速与牵引速度的关系

确定采煤机螺旋滚筒转速和牵引速度时，不仅要考虑截割工况，而且还要兼顾装煤性能。采煤机的设计能力是有较大覆盖范围的，在实际使用中，要根据特定的工作面条件，通过对牵引速度和螺旋滚筒转速的分级调整来满足工作要求，采取更换齿轮副的方法形成多种螺旋滚筒转速供选择使用，以达到截割能力强、截割能耗少、装煤能力大、生产率高等最佳的工作状态。

在采煤机装机功率和螺旋滚筒结构参数一定情况下，采煤机的截割能力决定于螺旋滚筒转速。螺旋滚筒的驱动圆周力与截齿阻力的关系表示为

$$P=\frac{1.91\times10^4 N_j\eta_j}{D_c n_i}\propto\sum\overline{A}h_{max}\sin\varphi_i \tag{5.10}$$

式中　N_j——单机和联合驱动时，为驱动电机额定功率，分别驱动时，为驱动螺旋滚筒电机额定功率，kW；

　　　D_c——螺旋滚筒直径，m；

　　　n_i——螺旋滚筒的分级转速，r/min；

　　　φ_i——截齿在螺旋滚筒分布圆上的位置角，$\varphi_i=0°\sim180°$；

　　　$\overline{A}$——煤的平均截割阻抗，kN/m；

　　　h_{max}——截齿的最大切屑厚度，m，

$$h_{max}=\frac{\pi\overline{h}}{2}$$

式中　$\overline{h}$——为截齿的平均切屑厚度，而 $\overline{h}=\dfrac{2v_{qi}}{\pi m n_i}$，m；

　　　v_{qi}——采煤机分级工作牵引速度，m/min；

m——螺旋滚筒上同一截线上的截齿数。

截割比能耗是采煤机的一项综合性能指标，可用单位体积内消耗的电能来表示，其单齿截割能耗 $H_w((kW \cdot h)/m^3)$ 为

$$H_w = 2.72 \frac{\overline{A}}{\overline{b} + \overline{h} \tan \varphi} \tag{5.11}$$

式中　b——截齿刃宽，m；

　　　φ——煤的崩落角，(°)。

可以看出，切屑厚度与螺旋滚筒转速、牵引速度以及同一截线上的截齿数有关，它不仅决定采煤机的截割能耗，而且还决定了单个截齿破煤力。因此，当采煤机牵引速度在较大的范围内变化时，一种螺旋滚筒转速是很难保证切屑厚度处于最佳状态的，一般可按下面的方法确定各参数间的关系。

(1)以截割性能确定转速及牵引速度区间。在一定的工作面条件下，牵引速度应在较小的范围内 $v_{qi} \sim v_{qi+1} \in v_{qmin} \sim v_{qmax}$ 变化，由最佳平均切屑厚度范围 $\overline{h}_{optmin} \sim \overline{h}_{optmax}$ 可求出满足最佳切屑厚度的牵引速度范围以及对应的螺旋滚筒转速分级。下面按某种规则人为给出牵引速度分段区间，来确定螺旋滚筒转速与截线截齿数的组合：已知采煤机的工作牵引速度为 $v_{qmin} \sim v_{qmax}$，适用采高范围为 $H_{min} \sim H_{max}$，对应的最佳切屑厚度为 $\overline{h}_{optmin} \sim \overline{h}_{optmax}$，来确定 $v_{qmin}(v_{q0}) \sim v_{q1}$、$v_{q1} \sim v_{q2}$ 和 $v_{q2} \sim v_{qmax}(v_{q3})$ 下的螺旋滚筒转速 n_i（以分三级为例，$n_1 < n_2 < n_3$）。

由切屑厚度的计算公式得

$$\begin{cases} \overline{h}_{optmin} \approx \dfrac{2v_{qmin}}{\pi m n_1}, \quad \overline{h}_{optmax} \approx \dfrac{2v_{q1}}{\pi m n_1} \\[2mm] \overline{h}_{optmin} \approx \dfrac{2v_{q1}}{\pi m n_2}, \quad \overline{h}_{optmax} \approx \dfrac{2v_{q2}}{\pi m n_2} \\[2mm] \overline{h}_{optmin} \approx \dfrac{2v_{q2}}{\pi m n_3}, \quad \overline{h}_{optmax} \approx \dfrac{2v_{qmax}}{\pi m n_3} \end{cases} \tag{5.12}$$

对于上式，求解方法之一是以等牵引速度区间、实际切屑厚度与最佳切屑厚度的偏差 Δ 相等为原则，即

$$\begin{cases} v_{q1} - v_{qmin} = v_{q2} - v_{q1} = v_{qmax} - v_{q2} = \dfrac{1}{3}(v_{qmax} - v_{qmin}) \\[2mm] v_{q1} = v_{qmin} + \dfrac{1}{3}(v_{qmax} - v_{qmin}), \quad v_{q2} = v_{qmax} - \dfrac{1}{3}(v_{qmax} - v_{qmin}) \\[2mm] \Delta_1 = \Delta_2 \end{cases} \tag{5.13}$$

由式(5.12)和式(5.13)可得 $\dfrac{2v_{qj-1}}{\pi m n_i} - \overline{h}_{optmin} = \overline{h}_{optmax} - \dfrac{2v_{qj}}{\pi m n_i}$，整理得

$$\begin{cases} n_1 = \dfrac{2}{3\pi m}\dfrac{5v_{qmin}+v_{qmax}}{h_{optmin}+h_{optmax}} \\[3mm] n_2 = \dfrac{2}{\pi m}\dfrac{v_{qmin}+v_{qmax}}{h_{optmin}+h_{optmax}} \\[3mm] n_3 = \dfrac{2}{3\pi m}\dfrac{v_{qmin}+5v_{qmax}}{h_{optmin}+h_{optmax}} \end{cases} \tag{5.14}$$

求解方法之二,以 $\boldsymbol{X}=[v_{q1},v_{q2},mn_1,mn_2,mn_3]^{T}$ 为设计变量,以 $F(\boldsymbol{X})$ 为目标函数,则最优方程为

$$\min F(\boldsymbol{X}) = \sum_{i=3,j=0}^{i=1,j=2}\left(\overline{h}_{optmin}-\frac{2v_{qj}}{\pi mn_i}\right)^2 + \sum_{i=3,j=1}^{i=1,j=3}\left(\overline{h}_{optmax}-\frac{2v_{qj}}{\pi mn_i}\right)^2 \tag{5.15}$$

(2)以装煤能力确定验算转速及牵引速度区间。采煤机工作时,应保证其装煤能力大于落煤能力,这同截割能力一样,是确定螺旋滚筒转速必需的条件。在一定的牵引速度下,螺旋滚筒的落煤能力:

$$Q_{ti}=Jv'_{qi}D_c\lambda k \tag{5.16}$$

采煤机螺旋滚筒的装煤能力:

$$Q_{zi}=\frac{\pi}{4}n_i(D_y^2-D_g^2)\left(S-\frac{\delta}{\cos \alpha_y}\right)Z\psi_z \tag{5.17}$$

其中,v'_{qi} 为采煤机工作牵引速度区段的上限值($i=1,2,3,\cdots$),m/min;其他参数含义同前面所述,其中 $D_y \approx D_c-2l_P$,$D_g \approx 0.4 \sim 0.6(D_c-2l_P)$。$l_P$ 为截齿径向伸出长度,对于镐型截齿,l_P 一般为 $0.1m$ 左右;λ 取 $1.5 \sim 1.7$;k 为实际装煤系数,取 $0.95 \sim 0.98$;Z 为 $2 \sim 4$ 头,顺序排列时 $Z=m$,交错排列时 $Z=2m$(Z 为偶数),$Z=2m+1$(Z 为奇数);叶片厚度可用 $\delta=0.08J \sim 0.09J$ 表示,螺距 $S=0.65J \sim 0.75J$ 或 $S=\dfrac{\pi D_y \tan \alpha_y}{Z}$ 表示;通常 $\alpha_y=8° \sim 27°$,$\alpha_g=20° \sim 45°$,叶片平均螺旋升角,对于较大的滚筒直径 α 可取 $20° \sim 22°$,$\alpha=\dfrac{1}{2}\left(\arctan\dfrac{ZS}{\pi D_y}+\arctan\dfrac{ZS}{\pi D_g}\right)$。

由式(5.16)和式(5.17)求得满足螺旋滚筒装煤时不被堵塞的临界转速:

$$n_{zi}=\frac{4Jv'_{qi}D_c\lambda k}{\pi(D_y^2-D_g^2)\left(S-\dfrac{\delta}{\cos \alpha_y}\right)Z\psi_z} \tag{5.18}$$

将各参量的平均值代入式(5.18),得其验算的简便公式:

$$n_{zi}=\frac{15v'_{qi}D_c}{(D_c-0.125)^2Z} \tag{5.19}$$

或

$$D_c^2-\left(0.25-\frac{15v'_{qi}}{n_{zi}Z}\right)D_c+0.062\,5=0 \tag{5.20}$$

另外,螺旋滚筒转速不宜过高,否则会将煤抛过筒毂造成循环煤,这一极限分级转速为 n'_i,根据实验和经验,n'_i 与螺旋滚筒直径 D_c 有近似的关系:

$$n'_i=\frac{65 \sim 80}{D_c} \tag{5.21}$$

根据式(5.18)和式(5.21),得螺旋滚筒转速应满足的条件为

$$n_{zi} \leqslant n_i \leqslant n_i'$$

(5.22)

为减小粉尘量,截割速度 v_{ji} 不宜过大,通常 $v_{ji} = \dfrac{\pi D_c n_i}{60} = 4 \text{ m/s}$ 左右比较适宜。在设计时,可按式(5.18)、式(5.19)和式(5.21)进行估算;对于使用或选型时可按实际参数计算,其方法适用于螺旋滚筒直径 $D_c \geqslant 1.2 \text{ m}$ 的条件。

5.3 优化模型的建立

螺旋滚筒是采煤机承受外载的主要部件,它的各项参数指标直接影响着采煤机的工作效率、生产成本、机器各零部件的使用寿命以及工作面环境。因此,对采煤机螺旋滚筒参数进行优化设计是设计优质高效采煤机的必要手段。下面针对采煤机截割部传统布置方式的滚筒参数建立优化模型。

5.3.1 螺旋滚筒优化模型的确定原则

影响采煤机的稳定性、可靠性、煤炭品质、工作效率、生产成本以及工作面粉尘量的因素很多,这些因素之间往往相互制约。因此,确定螺旋滚筒参数优化模型时应考虑各因素的综合影响。

目标函数是评价设计方案优劣的标准,一般根据煤矿生产要求和经济性要求来确定。为保证高的生产效率、好的煤炭品质和低的生产成本,选择截割比能耗、载荷波动、煤炭品质、生产率和装煤效率为目标函数,从而提高煤矿企业的综合经济效益。

设计变量影响着优化结果,选择设计变量时,由于影响目标函数的因素很多,如果把这些因素都作为设计变量考虑,虽然能够全面地反映实际情况,但因设计时的自由度很大,使得优化过程变得复杂化,有时难以求解出全局最优解。因此,在满足设计要求的前提下,选择对目标函数影响显著且相互独立的因素作为设计变量,而把其他因素作为约束条件或设计常量来处理。

5.3.2 设计变量的选取

根据国内外专家学者已有的研究成果和现场的实验分析,选择以下六个参数作为设计变量能够比较全面地反映模型特征:选择螺旋滚筒直径 D_c,截线距 t,叶片头数 Z 和排列方式 P 等结构参数和排列参数作为设计变量;选择螺旋滚筒的转速 n,牵引速度 v_q 等运行参数作为设计变量,即

$$\boldsymbol{X} = [x_1, x_2, x_3, x_4, x_5, x_6]^{\mathrm{T}} = [D_c, t, Z, P, n, v_q]^{\mathrm{T}}.$$

5.3.3 目标函数的建立

对采煤机工作机构的性能通常从综合经济指标来考虑,一般要求截割比能耗低、载荷波动小、煤岩块度大、生产率高、装煤能力强。因此,将以上五项指标作为目标函数,建立优化模型。

1. 截割比能耗模型

煤岩截割过程复杂,截齿的破煤机理学术界尚有争议。无论在井下还是在地面,因实验周期长、条件严格而复杂,成本昂贵,整机实验比能耗的影响因素几乎是不可能的,因而可基于相似理论进行模化实验,建立比能耗模型。

(1)矩阵转换法分析。

影响截割比能耗的因素很多,关系复杂,各因素的影响程度不同,量纲不同,很难直接建立比能耗与各因素之间的关系式。可选择与比能耗有关的滚筒结构参数、运动参数和煤岩特征参数作为研究变量,按照模型物理量纲相同原则,采用矩阵转换法推导模型的相似准则。由螺旋滚筒截割过程,得出影响比能耗的准则方程:

$$\varphi(A, \rho, v_q, g, t, B, Z, P, F, D_c, n) = 0 \tag{5.23}$$

从而可得

$$\boldsymbol{\pi} = A^{a_1} \rho^{a_2} v_q^{a_3} g^{a_4} t^{a_5} B^{a_6} Z^{a_7} P^{a_8} F^{a_9} D_c^{a_{10}} n^{a_{11}} \tag{5.24}$$

由式(5.23)和式(5.24)可列出表 5.2 所示的与模型实验有关的参数符号及因次量纲阵,表中 M 为质量的量纲,L 为长度的量纲,T 为时间的量纲。

表 5.2　模型实验有关的参数符号及量纲阵

参数	符号	量纲	M	L	T
煤的截割阻抗	A	$M^1 L^0 T^{-2}$	1	0	-2
煤的密度	ρ	$M^1 L^{-3} T^0$	1	-3	0
牵引速度	v_q	$M^0 L^1 T^{-1}$	0	1	-1
重力加速度	g	$M^0 L^1 T^{-2}$	0	1	-2
截线距	t	$M^0 L^1 T^0$	0	1	0
截割机构宽度	B	$M^0 L^1 T^0$	0	1	0
螺旋叶片头数	Z	$M^0 L^0 T^0$	0	0	0
截齿排列方式	P	$M^0 L^0 T^0$	0	0	0
滚筒受力	F	$M^1 L^1 T^{-2}$	1	1	-2
滚筒直径	D_c	$M^0 L^1 T^0$	0	1	0
滚筒转速	n	$M^0 L^0 T^{-1}$	0	0	-1

由因次量纲阵的量纲关系得出各因素的指数方程:

$$\begin{cases} a_1 + a_2 + a_9 = 0 \\ -3a_2 + a_3 + a_4 + a_5 + a_6 + a_9 + a_{10} = 0 \\ -2a_1 - a_3 - 2a_4 - 2a_9 - a_{11} = 0 \end{cases} \tag{5.25}$$

(2)相似准则的导出。

根据量纲阵列出 $\boldsymbol{\pi}$ 矩阵,按式(5.25)计算出矩阵中各数值并填入表 5.3 的矩阵中。由量纲矩阵可知,相似准则数为 8。根据相似第二定理,可求出六个相似准则,叶片头数 Z 和排列方式 P 是无量纲的物理量,故可推出八个独立的 π 项,即

$$\begin{cases} \pi_1 = \dfrac{AD_c}{F}, & \pi_2 = \dfrac{\rho D_c^4 n^2}{F}, & \pi_3 = \dfrac{v_q}{D_c n}, & \pi_4 = \dfrac{g}{D_c n^2} \\[3mm] \pi_5 = \dfrac{t}{D_c}, & \pi_6 = \dfrac{B}{D_c}, & \pi_7 = Z, & \pi_8 = P \end{cases} \quad (5.26)$$

则准则方程变为

$$\varphi(\pi_1, \pi_2, \pi_3, \pi_4, \pi_5, \pi_6, \pi_7, \pi_8) = 0 \quad (5.27)$$

令

$$\begin{cases} C_D = \dfrac{D_{cm}}{D_c}, & C_t = \dfrac{t_m}{t}, & C_W = \dfrac{B_m}{B}, & C_A = \dfrac{A_m}{A}, & C_\rho = \dfrac{\rho_m}{\rho} \\[3mm] C_F = \dfrac{F_m}{F}, & C_n = \dfrac{n_m}{n}, & C_v = \dfrac{v_{qm}}{v_q}, & C_N = C_P = C_g = 1 \end{cases} \quad (5.28)$$

其中，A_m、D_{cm}、B_m、t_m、ρ_m、F_m、v_{qm}、n_m 分别为模化后的实验值。将式(5.28)代入式(5.26)中，得到各参数之间的模化关系：

$$C_F = C_\rho C_{D_c}^3, \quad C_A = C_\rho C_{D_c}^2, \quad C_v = C_{D_c}^{0.5}, \quad C_n = C_{D_c}^{-0.5}, \quad C_t = C_{D_c}, \quad C_W = C_{D_c} \quad (5.29)$$

表 5.3 螺旋滚筒参数的 π 矩阵

π 矩阵	a_1 (A)	a_2 (ρ)	a_3 (v_q)	a_4 (g)	a_5 (t)	a_6 (B)	a_7 (Z)	a_8 (P)	a_9 (F)	a_{10} (D_c)	a_{11} (n)
π_1	1	0	0	0	0	0	0	0	−1	1	0
π_2	0	1	0	0	0	0	0	0	−1	4	2
π_3	0	0	1	0	0	0	0	0	0	−1	−1
π_4	0	0	0	1	0	0	0	0	0	−1	−2
π_5	0	0	0	0	1	0	0	0	0	−1	0
π_6	0	0	0	0	0	1	0	0	0	−1	0
π_7	0	0	0	0	0	0	1	0	0	0	0
π_8	0	0	0	0	0	0	0	1	0	0	0

(3)模型实验条件。

按照式(5.29)推导出的各参数间的模化关系,采用直径缩比为 1/4 的螺旋滚筒结构进行模型实验。实验煤岩采用人造煤壁,以褐煤、水泥、沙子和石膏按一定比例调配,使其满足截割材料的密度缩比和煤岩阻抗缩比,经硬化实效一段时间后,即可满足截割要求。实验时在人造煤壁四周加上不小于 50 kN 的围压力,调速电机经减速器驱动滚筒,以液压缸拉动螺旋滚筒臂实现模型的旋转截割。

(4)螺旋滚筒比能耗模型。

按照模型实验原理,采用单因素实验法,选择对能耗影响较为显著的螺旋滚筒直径、截线距、叶片头数、排列方式、转速以及牵引速度等六个因素为参变量进行实验,每组一般实验六次,记录下每次消耗的电能和截割下的煤岩量,间接求出比能耗。对于截齿排列方式,应先将不同的截齿排列进行编号,然后实验。根据所得的实验数据,采用回归分析的方法,得到图 5.8 所示螺旋滚筒运动参数和几何参数与截割比能耗之间的关系曲线,图中纵坐标为吨煤电能耗，* 号为间接获得的实验数据，曲线为用回归方法得到的拟合曲线。
由此可得，依据截割比能耗确定的采煤机螺旋滚筒参数模型：

$$H_{\mathrm{w}}(X) = \sum_{i=1}^{6} k_i H_{\mathrm{w}i}(X) \tag{5.30}$$

式中　k_i——各影响因素的加权因子，分别取 0.13、0.19、0.20、0.20、0.15、0.13；

　　　$H_{\mathrm{w}i}$——螺旋滚筒各参数与比能耗的关系模型，即

$$\begin{cases} H_{\mathrm{w}1}(X) = 0.417\,4 - 53.716/D_{\mathrm{c}} \\ H_{\mathrm{w}2}(X) = 0.938\,7 + 0.042\,4t \\ H_{\mathrm{w}3}(X) = 0.263\,7 + 0.010\,6n \\ H_{\mathrm{w}4}(X) = 1.153\,2 + 0.396\,5/v_{\mathrm{q}} \\ H_{\mathrm{w}5}(X) = 2.298\,4 - 0.526\,6Z + 0.063\,5Z^2 \\ H_{\mathrm{w}6}(X) = 0.124\,3 + 0.832\,9P - 0.036\,2P^2 \end{cases} \tag{5.31}$$

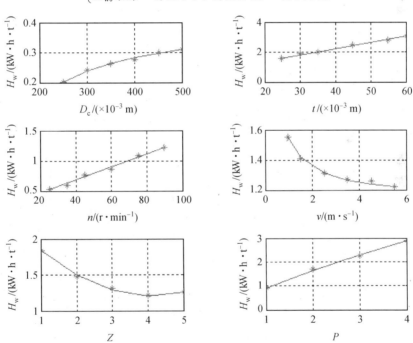

图 5.8　螺旋滚筒各参数的试验数据及拟合曲线

2. 载荷波动系数模型

截割煤岩时，每一瞬时参与截割的截齿数量、受力状态都将发生变化，因而，螺旋滚筒
在一转内受到的载荷是变化的，载荷的这种变化一般用载荷波动系数来表示。建立载荷
波动系数模型时，将螺旋滚筒的连续截割过程离散化，即将一周内截齿的工作位置离散成
360 等份，从而得到的载荷波动模型：

$$\delta(X) = \zeta_1 \delta_a(X) + \zeta_2 \delta_b(X) + \zeta_3 \delta_c(X) \tag{5.32}$$

式中　ζ_1、ζ_2、ζ_3——影响各向载荷波动的加权因子，分别取 0.3、0.3、0.4；

　　　$\delta_a(X)$、$\delta_b(X)$、$\delta_c(X)$——滚筒上三个方向载荷的波动系数，

$$\delta_a(X) = \frac{\sqrt{\dfrac{\sum\limits_{j=1}^{360}(R_{aj}-u_a)^2}{360}}}{u_a}, \delta_b(X) = \frac{\sqrt{\dfrac{\sum\limits_{j=1}^{360}(R_{bj}-u_b)^2}{360}}}{u_b}, \delta_c(X) = \frac{\sqrt{\dfrac{\sum\limits_{j=1}^{360}(R_{cj}-u_c)^2}{360}}}{u_c},$$

$$u_a = \frac{\sum\limits_{j=1}^{360}R_{aj}}{360}, \quad u_b = \frac{\sum\limits_{j=1}^{360}R_{bj}}{360}, \quad u_c = \frac{\sum\limits_{j=1}^{360}R_{cj}}{360}$$

式中　u_a、u_b、u_c——滚筒转一周三个方向上的平均作用力，N；

　　　R_{aj}、R_{bj}、R_{cj}——离散后滚筒三个方向的实际作用力（$j=1,2,\cdots,360$），N。

3. 煤炭品质模型

实践表明，切屑图的形状与煤炭的截割品质有直接的关系。切屑图面积越大、越方正，煤的块度就越大，煤炭品质就越好。对切屑图的影响因素主要有滚筒上截齿的排列形式、叶片的头数、每线齿数、截线距以及螺旋滚筒转速和牵引速度等。如图 5.9 所示，切屑断面面积大小为

$$S(X) = l_1(X)l_2(X)\sin\varphi \tag{5.33}$$

式中　l_1、l_2——切屑的两有效邻边长度，m。

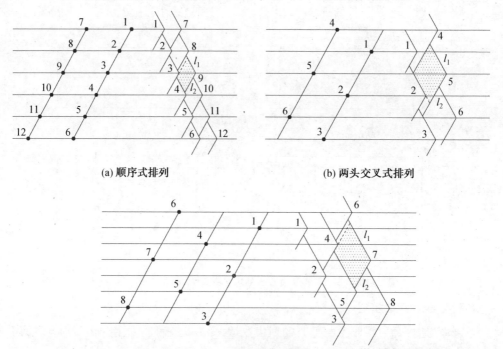

(a) 顺序式排列　　　　　　　　(b) 两头交叉式排列

(c) 三头交叉式排列

图 5.9　截齿排列形式与切屑面积的关系

截齿按顺序式排列时，l_1 和 l_2 可用下式表示：

$$\begin{cases} l_1(X) = \dfrac{(\tau_1 + \tau_3)\, v_q}{2}\sec\varphi \\[3mm] l_2(X) = \dfrac{\sqrt{(\tau_3 v_q + t\cot\varphi)^2 + (2t + \tau_3 v_q \tan\varphi)^2}}{2} \end{cases} \tag{5.34}$$

对于两头螺旋叶片采取交叉式排列时,有

$$\begin{cases} l_1(X) = \dfrac{\sqrt{[\tau_2 v_q + (Z-1)t\cot\varphi]^2 + (\tau_2 v_c \tan\varphi)^2}}{2} \\[3mm] l_2(X) = \dfrac{\sqrt{[(\tau_2 - \tau_1) v_q]^2 \sec^2\varphi + 4t^2 \csc^2\varphi + 8t(\tau_2 - \tau_1) v_q \csc 2\varphi}}{2} \end{cases} \tag{5.35}$$

对于三头螺旋叶片采取交叉排列方式时,有

$$\begin{cases} l_1(X) = \dfrac{\sqrt{[(\tau_1 + \tau_2) v_q \sec\varphi]^2 + t^2 \sec^2\varphi + 2(\tau_1 + \tau_2) v_q t(\tan\varphi + \cot\varphi)}}{2} \\[3mm] l_2(X) = \dfrac{\sqrt{(\tau_2 v_q \sec\varphi)^2 + [(Z-1)t\csc\varphi]^2 + 2\tau_2 v_q t(Z-1)(\tan\varphi + \cot\varphi)}}{2} \end{cases} \tag{5.36}$$

其中,$\tau_1 = \dfrac{Zt}{n\pi D_c \tan\beta}$,$\tau_2 = \dfrac{1}{Zn} - \dfrac{(Z-1)t}{n\pi D_c \tan\beta}$,$\tau_3 = \dfrac{1}{Zn} - \dfrac{t}{n\pi D_c \tan\beta}$。

4. 生产率模型

生产率是衡量整机效率和经济效益的重要指标,实际生产率的模型可由下式确定:

$$Q_s(X) = \xi B J_{ave} v_q \rho \tag{5.37}$$

式中的 ξ 为采煤机在具体工作条件下实际连续工作系数,包括辅助作业时间、生产协调以及其他原因对机器工作的影响,式中其他参数含义同前所述。

5. 装煤能力模型

螺旋滚筒的装煤能力:

$$Q_z(X) = \dfrac{\pi n (D_y^2 - D_g^2)\left(S - \dfrac{\delta}{\cos\alpha_y}\right) Z\psi_z}{4} \tag{5.38}$$

5.3.4　约束条件的确定

1. 边界条件约束

为保证设计的合理性,根据经验给出设计变量的变化范围:

$$X_{min} \leqslant X \leqslant X_{max} \tag{5.39}$$

式中　X_{max}、X_{min}——设计变量的最大值和最小值。

2. 生产条件约束

为保证一定的经济效益,要求优化后的实际生产率 Q_s 不小于理论生产率 Q_j,即

$$Q_s \geqslant Q_j \tag{5.40}$$

为使煤岩块度较大,应使切屑邻边之比满足

$$0.7 \leqslant \dfrac{l_1}{l_2} \leqslant 1.3 \tag{5.41}$$

3. 工作机构条件约束

螺旋升角约束:螺旋升角的大小主要影响滚筒的装煤效果,同时对工作面粉尘量也有影响,在设计时应取合理的范围,即满足

$$15° \leqslant \alpha \leqslant 30° \tag{5.42}$$

叶片结构约束:叶片的容积应能容纳截齿截割下的煤岩积,并尽可能大,叶片垂直间距应不小于某定值 y_d,即

$$\left(\frac{\pi D_c}{Z} - \delta\right)\sin \alpha \geqslant y_d \tag{5.43}$$

为防止破落的煤岩滞留在叶片间成为循环煤,叶片间距与叶片高度之比应满足以下约束:

$$1 \leqslant \frac{2\pi D_c \tan \alpha}{Z(D_c - D_g - 2H)} \leqslant 4.4 \tag{5.44}$$

式中 H——截齿长度的有效伸出量,m。

对于多头叶片,为减小截割时滚筒的振动,叶片间应有一定的重合度,即满足

$$\frac{Zt}{2\tan \alpha} \leqslant \frac{B}{\tan \alpha} - \frac{\pi D_c}{Z} \leqslant \frac{Zt}{\tan \alpha} \tag{5.45}$$

截齿安装约束:为避免截割时截齿齿身与煤岩挤压撞击,应满足以下约束条件:

$$\begin{cases} \dfrac{H}{R} \geqslant \sqrt{\tan^2 \beta_0' + \dfrac{\sec^2 \beta_0'}{\tan^2 \varphi}} & \text{(叶片截齿)} \\ \dfrac{H}{R} \geqslant \sqrt{\cos^2 \beta + \dfrac{1}{\cos^2 \beta_0' \tan^2 \varphi}} & \text{(端盘截齿)} \end{cases}$$

$$35° \leqslant \beta \leqslant 65°, \quad P - Z \leqslant 0, \quad h - k_p H \leqslant 0 \tag{5.46}$$

式中 k_p——截齿长度有效利用系数。

5.3.5 优化模型

由式(5.30)、式(5.32)、式(5.33)、式(5.37)和式(5.38),采用同一目标函数法得到采煤机螺旋滚筒总体优化模型:

$$\min F(X) = \lambda_1 H_w(X) + \lambda_2 \delta(X) + \lambda_3 [S(X)]^{-1} + \lambda_4 [Q_s(X)]^{-1} + \lambda_5 [Q_z(X)]^{-1} \tag{5.47}$$

式中 $\lambda_1 \sim \lambda_5$——加权因子,分别取 0.15、0.20、0.25、0.25、0.15。

s.t. $X_{\min} \leqslant X \leqslant X_{\max}$; $Q_j - Q_s \leqslant 0$; $0.7l_2 \leqslant l_1 \leqslant 1.3l_2$; $15° \leqslant \alpha \leqslant 30°$

$$y_d - \left(\frac{\pi D}{Z} - \delta\right)\sin \alpha \leqslant 0; \quad 1 \leqslant \frac{2\pi D_c \tan \alpha}{Z(D_c - D_g - 2H)} \leqslant 4.4$$

$$\frac{B}{\tan \alpha} - \frac{Zt}{\tan \alpha} \leqslant \frac{\pi D_c}{Z} \leqslant \frac{B}{\tan \alpha} - \frac{Zt}{2\tan \alpha}$$

$$\frac{Zt}{2\tan \alpha} \leqslant \frac{B}{\tan \alpha} - \frac{\pi D_c}{Z} \leqslant \frac{Zt}{\tan \alpha}$$

$$\frac{H}{R} \geqslant \sqrt{\tan^2 \beta_0' + \frac{\sec^2 \beta_0'}{\tan^2 \varphi}}; \quad \frac{H}{R} \geqslant \sqrt{\cos^2 \beta + \frac{1}{\cos^2 \beta_0' \tan^2 \varphi}}$$

$$35° \leqslant \beta_0' \leqslant 65°; \quad P - Z \leqslant 0; \quad h - k_p l \leqslant 0$$

5.4　优化方法的选择与实现

1. 优化方法的选择

由式(5.47)可以看出,采煤机螺旋滚筒参数的优化模型是一个多目标、多变量、多约束的非线性优化问题。从模型上看,它是一个多峰函数,采用传统的优化方法很难获得较好的优化效果。近年来,人们从生物界自然选择和遗传进化机制的思想中得到启发,创造出的遗传算法能够有效地解决这一复杂的工程优化问题。

遗传算法借鉴生物进化的思想,使用群体搜索技术,采用并行处理方式对群体(样本)施加选择、交叉、变异等一系列遗传操作,经过若干代的优胜劣汰,逐步使群体进化到最优解或次优解的状态,从而避免单一搜索效率不高或使搜索过程陷于局部最优解的错误状态。

2. 遗传算法的实现

一些软件具有强大的数学计算功能,带有较为成熟的遗传算法工具箱,该工具箱可以对优化模型进行遗传算法优化、直接搜索或两者混合搜索来实现对模型的非传统方法优化。GA 工具箱中的 Genetic Algorithm 算法适用于求解无约束优化模型问题,而 Direct Search 算法只能求解线性约束问题,工具箱中的这两种算法都不能对有约束条件的模型进行优化。因此,不能直接用该 GA 工具箱对采煤机的螺旋滚筒参数进行优化,必须对所建的滚筒优化模型做以下几方面修订。

规则化处理:式(5.47)的优化模型是按照截割比能耗最低、载荷波动最小、煤块截面面积最大、生产效率最高和装煤效果最好原则建立起来的数学模型,它没有实际的物理意义,且模型中各分目标函数的量纲和数量级相差很大。不对各分目标函数进行规则化处理,就会因数量级相差过大而导致求解失败。规则化处理方法如下。

设第 i 个分目标函数 $f_i(X)$ 的值域为 $[a_i, b_i]$,用正弦函数进行规则化转换,令

$$f'_i(X) = \frac{1}{2}\left[\sin\left(Y_i - \frac{\pi}{2}\right) + 1\right] \tag{5.48}$$

其中,$Y_i = \dfrac{f_i(X) - a_i}{b_i - a_i}\pi$,则 $Y_i \in [0, \pi]$,因此,$f'_i(X) \in [0, 1]$。

无约束化处理:该模型的约束为不等式约束,内惩罚函数法是解这类问题的有效方法。即将原目标函数和约束条件按一定原则构造成一个新的函数——惩罚函数,然后在可行域内求惩罚函数的极值点,即为原函数的最优点。目标函数为 $F(X)$,约束条件为 $g_j(X) \leqslant 0 (j=1, 2, \cdots, m)$ 的惩罚函数表达式:

$$\varphi(X, r^{(k)}) = F(X) - r^{(k)} \sum_{j=1}^{m} \frac{1}{g_j(X)} \tag{5.49}$$

式中　$r^{(k)}$——惩罚因子,是正的递减序列,通常 $r^{(k)}$ 取 1.0, 0.1, 0.01, 0.001, $\cdots$。

适应度函数的选择:适应度函数的选取直接影响到遗传算法的收敛速度以及能否找到最优解,根据模型特点即可将经过无约束化处理后的目标函数直接转化为适应度函数,即

$$\text{fitness}\big[\varphi(X,r^{(k)})\big]=\varphi(X,r^{(k)}) \tag{5.50}$$

3. 滚筒优化模型的求解

根据模型特点,采用实数编码方式,取初始种群数为 50,按照均匀分布方式创建初始种群。设计变量边界为: $D_c \in [650,1\,650]$, $t \in [30,80]$, $n \in [25,65]$, $v_q \in [2,6]$, $Z \in [1,4]$, $P \in [1,4]$。按排序方法确定个体选择概率,使用锦标赛法进行选择。采用中间重组交叉方式,交叉概率为 0.8,设每代的精英数为 2。选择 Gaussian 算法对子代变异,变异率为 0.005,最大繁衍代数为 1 200 代。算法的停止标准为 100 代内适应度值不变化或适应度值小于 2.5×10^{-7}。编写 m 函数求解优化模型。

表 5.4 列出了截割阻抗为 300 N/mm 时种群进化过程中最佳个体的演变情况。从表中数据可以看出,整个群体向前进化,使种群最终趋向最优解。将表中数据圆整,得到 GA 算法的最优解或次优解为 $D=952$ mm; $t=60$ mm; $n=35$ rad; $v=3.40$ m/s; $N=3$; $P=3(P>1$ 时为交叉排列)。

表 5.4　截割阻抗为 300 N/mm 时种群中最佳个体的演变情况

世代数值	x_1	x_2	x_3	x_4	x_5	x_6	适应度
1	1 238.032 1	43.627 71	55.876 23	2.364 54	1.089 73	5.713 22	$2.165\,4\times10^{-2}$
300	1 103.561 4	50.699 32	49.127 69	2.713 24	1.431 33	4.851 21	$2.671\,1\times10^{-3}$
600	978.126 47	55.171 62	42.176 51	3.059 16	2.375 56	3.710 32	$4.186\,5\times10^{-5}$
900	959.357 88	59.230 06	36.330 77	3.275 41	2.990 43	3.226 13	$6.831\,6\times10^{-6}$
1 200	951.963 98	60.010 07	35.013 36	3.403 23	3.290 13	2.998 71	$2.322\,2\times10^{-7}$

第6章　采煤机调高与截割轨迹优化设计

滚筒调高机构是采煤机的重要组成部分,采煤机利用调高机构来调节工作高度,以适应不同煤层的厚度变化。因煤层地质条件复杂,井下作业工况恶劣,同时受井下工作空间和采煤机总体结构限制,调高机构既要具有足够的强度和刚度,保证提供足够的调高力矩,又要结构合理、安装紧凑,不影响采煤机其他功能部件的正常使用。

螺旋滚筒自动调高技术是实现采煤自动化的关键技术之一,实现采煤机自动调高对于改善井下工人操作环境、降低工人劳动强度、提高设备使用寿命,以及保障煤炭开采质量有着重要意义,同时,对采煤机械智能化控制及煤炭工业的发展也有重要的促进作用。利用现代设计方法和手段对采煤机调高机构和截割轨迹进行优化,有利于煤矿智能化无人开采的实现。

6.1　滚筒调高机构优化设计

调高机构是采煤机的重要部件之一,它的设计质量不仅影响采煤机的静态工作性能,还会影响整机的使用性能和工作效率。对其进行优化设计,有利于提高液压缸的动静刚度,保证滚筒工作的稳定性,也是实现高产高效、安全可靠采煤机的必然要求。

6.1.1　调高液压缸的布置

采煤机螺旋滚筒调高机构如图 6.1 所示,主要通过液压缸带动摇臂上下摆动来调整滚筒高度。无论是手动方式调高,还是自动调高,大都采用阀控液压缸动力装置。目前,

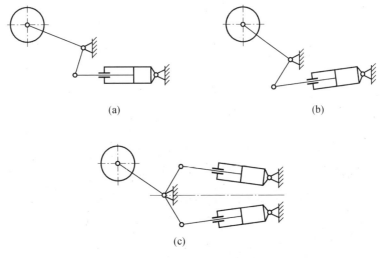

(a)　　　　　　　　　　　　　　(b)

(c)

图 6.1　采煤机螺旋滚筒调高机构

采煤机截割电动机大都采用横向布置形式,调高机构的形式较为单一,主要有图 6.1(a)、(b)所示的单液压缸和图 6.1(c)所示的双液压缸两种形式,布置在机身煤壁侧或机身侧下方。根据煤层开采空间的大小,调高机构的液压缸有倾斜和近水平两种布置形式,倾斜布置主要用于薄煤层采煤机,以提供较大的调高范围。

6.1.2 调高机构受力分析

截割煤岩时,螺旋滚筒受到的外力主要有沿采煤机行走方向的推进阻力 P_y,垂直于行走方向的纵向截割阻力 P_z,螺旋滚筒轴向力 A_z,螺旋滚筒的重力 G_1 和摇臂重力 G_2,以及截割阻力矩 M,其受力简图如图 6.2 所示。本节介绍的受力计算方法与前几章有些区别,主要讨论是在采煤机主要工作参数确定的条件下,讨论调高有关的 P_y 和 P_z 正常工作的计算方法,其目的是为调高机构设计提供依据。

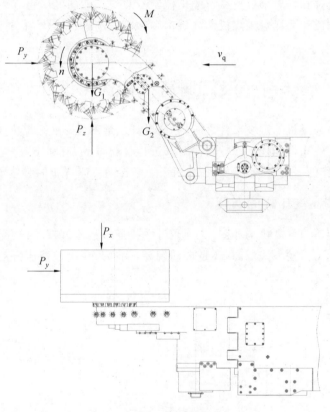

图 6.2 螺旋滚筒受力简图

1. 螺旋滚筒的推进阻力

影响推进阻力的因素比较复杂,很难精确计算。当采煤机牵引力确定时,对于有倾角的煤层,常采用下式近似估算推进阻力,即

$$P_y = \frac{(47\% \sim 59\%)T}{1+K_1} \tag{6.1}$$

式中 T——采煤机的最大牵引力,N;

K_1——后、前螺旋滚筒的截割阻力之比,取值为 0.2~0.8(薄煤层取小值,中厚层煤层取大值,对于单滚筒,取 $K_1=0$)。

2. 滚筒的纵向截割阻力

根据破煤理论,镐型截齿的单截齿受力如图 6.3 所示,作用在单个截齿上的截割阻力为

$$P'_z = Ah_x = Ah_{max}\sin\varphi_i \tag{6.2}$$

其中的 φ_i 为第 i 个截齿在截齿分布圆上的位置角,其他参数含义同前所述。

P'_z 在垂直牵引力方向上的分力为

$$P''_z = P'_z\sin\varphi_i$$

故螺旋滚筒的纵向截割阻力为

$$P_z = \sum P''_z = \sum P'_z\sin\varphi_i = Ah_{max}\sum\sin^2\varphi_i \tag{6.3}$$

由力矩平衡原理,螺旋滚筒的驱动力矩 M_q 应等于其截割阻力矩 M,即 $M_q=M$,则

$$PR_c = \sum R_c Ah_{max}\sin\varphi_i \tag{6.4}$$

式中　P——螺旋滚筒的切向圆周力,N;

　　　R_c——螺旋滚筒半径,m。

设

$$K = \frac{P_z}{P} = \frac{\sum\sin^2\varphi_i}{\sum\sin\varphi_i}$$

当圆周方向截齿间的齿距角 $\psi=15°$ 时,$K=0.79$;而当 $\psi=30°$ 时,$K=0.8$。显然,ψ 的变化对二力的比值影响不大,故取 $K=0.8$。对于确定的采煤机,当装机功率一定时,可计算出螺旋滚筒的圆周力 P,从而可得

$$P_z = K\frac{1.91\times10^4 H_j\eta}{nD_c} \tag{6.5}$$

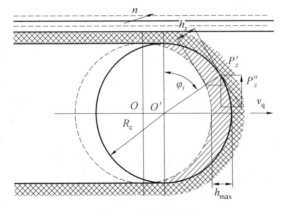

图 6.3　单截齿受力

3. 摇臂转矩及液压缸拉力

设计时从安全角度出发,应考虑采煤机处于最恶劣工况下的受力情况。采煤机边行

走边调高时,液压缸负荷最大,对于双滚筒采煤机,前滚筒的载荷比后滚筒大,截煤时对于直径较小的滚筒采煤机,前滚筒采用逆转(滚筒由下而上截割);对于直径较大的采煤机,前滚筒采用顺转。因此,设计液压缸时应考虑具体的截割工况,校核时应考虑以采煤机下行闷车时的油缸状况进行强度校核。

下面以前滚筒顺转、摇臂下摆为例进行摇臂和液压缸的受力分析,如图 6.4 所示。滚筒轴心的绝对速度 v_x 应是采煤机牵引速度 v_q 与滚筒下摆速度 v_{g2} 的合成,即

$$v_x = \sqrt{v_q^2 + v_{g2}^2 + 2v_q v_{g2} \sin \alpha}$$

v_x 偏离牵引方向的角度为

$$\beta = \arcsin\left(\frac{v_{g2}}{v_x}\cos \alpha\right)$$

则螺旋滚筒的推进阻力为

$$P_y' = \frac{P_y}{\cos \beta}$$

由图 6.4 所示的几何关系求得小摇臂 L_R 与液压缸活塞杆 AB 的夹角 γ:

$$\gamma = \arcsin \frac{L\sin \xi}{\sqrt{L_R^2 + L^2 - 2L_R L\cos \xi}}$$

其中,$\xi = 180 - \theta + \alpha - \lambda$($\theta$、$\lambda$ 均为定数)。

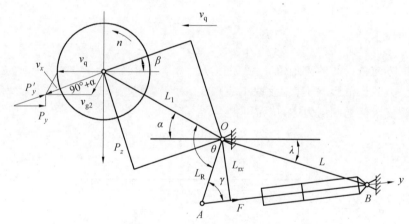

图 6.4 调高机构受力计算简图

液压缸活塞杆的作用力臂 $L_{rx} = L_R \sin \gamma$,作用在摇臂上的力矩主要如下。

推进阻力 P_y' 产生的力矩 M_y 为

$$M_y = \frac{P_y L_1 \sin(\alpha + \beta)}{\cos \beta}$$

截割阻力 P_z 产生的力矩 M_z 为

$$M_z = P_z L_1 \cos(\alpha + \beta)$$

螺旋滚筒和摇臂的重力 G 产生的力矩 M_G 为

$$M_G = GL\cos \alpha$$

式中 G——螺旋滚筒和摇臂折算到螺旋滚筒轴上的总重力,N。

螺旋滚筒和摇臂的惯性阻力矩 M_g 为

$$M_g = J\varepsilon$$

式中 J——回转部分的转动惯量，kg·m²；

　　　 ε——角加速度，rad/s²。

　　摇臂转动时摩擦阻力矩 M_μ 为

$$M_\mu = \sum \mu R_z N$$

式中 μ——摩擦系数；

　　　 R_z——摇臂支撑轴承的直径，m；

　　　 N——摇臂支撑轴承的支反力，N。

　　调高液压缸的驱动力矩 M_1 为

$$M_1 = F L_R \sin \gamma$$

由力矩平衡方程 $\sum M_O = 0$ 得

$$M_1 = M_z - M_G + M_\mu + M_g + M_y \tag{6.6}$$

液压缸的输出力为

$$F = \frac{M_z - M_G + M_\mu + M_g + M_y}{L_R \sin \gamma} \tag{6.7}$$

若考虑液压缸的黏性摩擦阻力，则液压缸的拉力为

$$F = \frac{M_z - M_G + M_\mu + M_g + M_y}{L_R \sin \gamma} + B_c v \tag{6.8}$$

式中 B_c——液压缸的黏性摩擦系数，(N·s)/m；

　　　 v——液压缸活塞的运动速度，m/s。

6.1.3 设计指标

　　如图 6.5 所示为液压缸布置在采煤机机身下面的调高机构简图，图中各符号的意义：φ_M、φ_N 为螺旋滚筒最大上摆和下摆角度，(°)；h_1、h_2 为螺旋滚筒最大下摆和上摆高度，

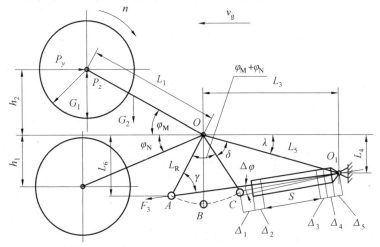

图 6.5   调高机构简图

mm；L_3、L_4 为回转中心 O 至液压缸后铰点 O_1 的水平和垂直距离，mm；L_5 为回转中心 O 到液压缸后铰点 O_1 的直线距离，mm；L_6 为调高液压缸全伸出时，铰接点与回转中心的垂直距离，mm；λ、δ 为安装位置角，(°)；A、B 为液压缸全伸和全缩时活塞杆与小摇臂的铰点位置。

由图 6.5 可知，液压缸是调高机构的主要部件。由于工作条件恶劣，又受空间限制，因此液压缸结构不宜过大。使用中，液压缸易出现活塞杆折断或缸盖脱扣等现象。为此，优化设计时应依据以下三个原则。

(1) 小摆角原则。

如图 6.6 所示，为防止大块煤岩撞击，液压缸两侧设有护板，液压缸、护板和底托架形成了一定的工作空间。随着液压缸的伸缩及上下摆动，缸体与煤岩反复挤压，油缸受到径向作用力，这反过来也限制了液压缸的伸缩和摆动，增大了液压缸失稳的可能性。因此，设计时应尽量减小液压缸上下摆动的角度 $\Delta\varphi$。

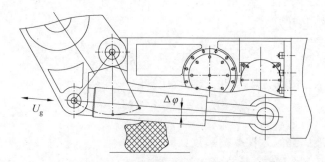

图 6.6　调高液压缸的布置结构

(2) 小行程原则。

采煤机工作载荷具有很强的随机性，这必将产生冲击载荷，并将冲击载荷传递给液压缸。为了提高液压缸工作的可靠性及液压系统固有频率，应减小液压缸的行程和长度，以减小液压缸的振幅，从而减轻工作机构的振动。因此，设计时应在满足调高范围的条件下尽量减小液压缸的行程。

(3) 小受力原则。

由于一般常将液压缸设置在机身的下部，狭小的空间限制了液压缸直径不能过大，给设计增加难度。在外载荷不变的条件下，尽量减小作用在液压缸上的载荷。

摇臂既是螺旋滚筒的支撑部件，又是传动部件，它应具有足够的强度和刚度，为降低采煤机非工作能耗，设计时摇臂所受的力越小越好。

6.1.4　设计变量的选取

根据上述优化设计原则及各调高参数对采煤机性能影响程度的不同，选取七个参数为设计变量，即

$$\boldsymbol{X}=[x_1,x_2,x_3,x_4,x_5,x_6,x_7]^{\mathrm{T}}=[L_1,L_2,\varphi_{\mathrm{M}},\varphi_{\mathrm{N}},L_{\mathrm{R}},\delta,\lambda]^{\mathrm{T}} \tag{6.9}$$

其他参数可在总体设计或在约束条件中确定，在此可看成是已知量。

6.1.5　目标函数的确定

1. 油缸上下摆动角度 $\Delta\varphi$ 最小 F_1

如图 6.5 所示,液压缸的最大上下摆动角度取决于液压缸的两个极限位置(A 点、B 点)与近似中间位置(C 点)的液压缸轴线夹角 $\Delta\varphi$。要使 $\Delta\varphi$ 最小,则相当于 $\overline{AO_1}$、$\overline{BO_1}$ 与 $\overline{CO_1}$ 三条直线的斜率之差最小,即

$$F_1 = (K_{CO_1} - K_{AO_1})^2 + (K_{CO_1} - K_{BO_1})^2 \tag{6.10}$$

式中　K_{CO_1}、K_{AO_1}、K_{BO_1}——直线 $\overline{CO_1}$、$\overline{AO_1}$、$\overline{BO_1}$ 的斜率。

即

$$\begin{cases} K_{AO_1} = \dfrac{L_5 \sin\lambda - L_R \sin(\delta + \lambda + \varphi_M + \varphi_N)}{L_5 \cos\lambda - L_R \cos(\delta + \lambda + \varphi_M + \varphi_N)} \\[3mm] K_{BO_1} = \dfrac{L_5 \sin\lambda - L_R \sin(\delta + \lambda)}{L_5 \cos\lambda - L_R \cos(\delta + \lambda)} \\[3mm] K_{CO_1} = \dfrac{L_5 \sin\lambda - L_R}{L_5 \cos\lambda - L_R} \end{cases} \tag{6.11}$$

将式(6.11)代入式(6.10)得目标函数:

$$F_1 = \left[\frac{L_5 \sin\lambda - L_R}{L_5 \cos\lambda - L_R} - \frac{L_5 \sin\lambda - L_R \sin(\delta + \lambda + \varphi_M + \varphi_N)}{L_5 \cos\lambda - L_R \cos(\delta + \lambda + \varphi_M + \varphi_N)} \right]^2 +$$

$$\left[\frac{L_5 \sin\lambda - L_R}{L_5 \cos\lambda - L_R} - \frac{L_5 \sin\lambda - L_R \sin(\delta + \lambda)}{L_5 \cos\lambda - L_R \cos(\delta + \lambda)} \right]^2 \rightarrow \min \tag{6.12}$$

2. 液压缸行程 S 最小 F_2

图 6.5 所示当液压缸全缩时,液压缸长度为 $\overline{BO_1}$,因为 $\overline{BO_1}$ 包含液压缸的行程 S,即

$$\overline{BO_1} = S + \Delta_1 + \Delta_2 + \Delta_3 + \Delta_4 + \Delta_5 = S + \Delta$$

式中　Δ——液压缸结构要求的轴向尺寸,可视为常数,m。

要求液压缸行程 S 最小,则等价于 $\overline{BO_1} = \sqrt{L_R^2 + L_5^2 - 2L_R L_5 \cos\delta}$ 最小,因此有

$$F_2 = \sqrt{L_R^2 + L_5^2 - 2L_R L_5 \cos\delta} \rightarrow \min \tag{6.13}$$

3. 液压缸受力最小 F_3

确定调高液压缸设计载荷时,重要的是正确选择截割工况。由前面内容可知,应以螺旋滚筒顺转、由上向下摆动截割时来计算调高液压缸的设计载荷。如图 6.5 所示,调高液压缸所受的拉力 F_3 为

$$F_3 = \frac{M_1}{L_R \sin\gamma} \tag{6.14}$$

摇臂下摆时,调高液压缸的驱动力矩 M_1 可按式(6.6)计算,或由下式求得

$$M_1 \approx \left[P_y \sin\varphi_M + \left(P_z - G_1 - \frac{G_2}{2} \right) \cos\varphi_M \right] L_1 \tag{6.15}$$

$$\sin\gamma = \frac{L_5 \sin(\varphi_M + \varphi_N + \delta)}{\sqrt{L_R^2 + L_5^2 - 2L_R L_5 \cos(\varphi_M + \varphi_N + \delta)}} \tag{6.16}$$

将式(6.15)和式(6.16)代入式(6.14)中,得

$$F_3 = \frac{\left[\frac{0.55T}{1.5} \sin \varphi_M + \left(\frac{1.91 \times 10^4 N_j \eta K}{n D_c} - G_1 - \frac{G_2}{2} \right) \cos \varphi_M \right] L_1}{\frac{L_R L_5 \sin(\varphi_M + \varphi_N + \delta)}{\sqrt{L_R^2 + L_5^2 - 2 L_R L_5 \cos(\varphi_M + \varphi_N + \delta)}}} \to \min \quad (6.17)$$

4. 摇臂受力最小 F_4

摇臂主要承受弯矩作用,其所受的弯矩可由式(6.15)表示,则有

$$F_4 = \left[P_y \sin \varphi_M + \left(P_z - G_1 - \frac{G_2}{2} \right) \cos \varphi_M \right] L_1 \to \min \quad (6.18)$$

根据具体设计情况,该目标函数也可以作为约束条件来考虑。

由此可见,该目标函数共有四个子目标函数,是一个多目标优化问题,可采用线性加权系数法将其转化成单目标函数进行计算。由式(6.12)、式(6.13)、式(6.17)和式(6.18)可得到调高机构参数优化的目标函数,即

$$F = W_1 F_1 + W_2 F_2 + W_3 F_3 + W_4 F_4 \to \min \quad (6.19)$$

式中 W_1、W_2、W_3、W_4——加权系数,$\sum W_i = 1$。

6.1.6 约束条件

1. 采高要求

根据采煤机螺旋滚筒直径和采高范围,可得到滚筒上下摆动的高度 h_2 和 h_1,有

$$L_1 \sin \varphi_M \geqslant h_2, \quad L_1 \sin \varphi_N \geqslant h_1 \quad (6.20)$$

2. 摇臂长度的约束条件

图 6.7 所示为摇臂内齿轮传动系统,为增加摇臂长度,在摇臂内不仅有数比齿轮,还有若干个惰轮,一般惰轮数量 n_0 为 2~4 个(包含数比齿轮传动级)。Z_0 为数比传动齿轮的平均齿数,$Z_2 > Z_1$(传动比要求),m 为模数。则摇臂传动链的最大长度为

$$L_{max} = \left(Z_0 + \frac{Z_1 + Z_2}{2} \right) m + \left(2 Z_0 + \frac{Z_1' + Z_2'}{2} \right) m'$$

因而有

$$L_{max} + L_0 \geqslant L_1 \quad (6.21)$$

3. 液压缸行程约束条件

如图 6.7 所示,液压缸的行程大小取决于最大摆角 $\varphi_M + \varphi_N$,即

$$S = \overline{AO_1} - \overline{BO_1}$$

$$= \sqrt{R_R^2 + L_5^2 - 2 L_R L_5 \cos(\varphi_M + \varphi_N + \delta)} - \sqrt{L_R^2 + L_5^2 - 2 L_R L_5 \cos \delta} \quad (6.22)$$

或

$$S \approx 2 L_R \sin \frac{\varphi_N + \varphi_M}{2} \quad (6.23)$$

液压缸的行程应满足

$$\overline{BO_1} \geqslant S + \Delta_1 + \Delta_2 + \Delta_3 + \Delta_4 + \Delta_5 = S + \Delta \quad (6.24)$$

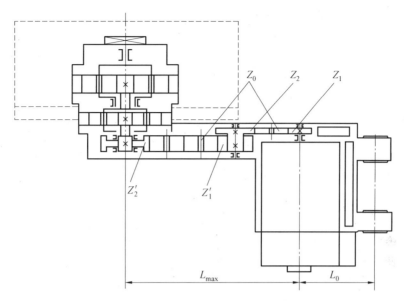

图 6.7　调高机构约束条件计算简图

将式(6.22)或式(6.23)代入式(6.24),得

$$2\sqrt{L_R^2+L_5^2-2L_RL_5\cos\delta}-\sqrt{L_R^2+L_5^2-2L_RL_5\cos(\varphi_M+\varphi_N+\delta)}-\Delta\geqslant0 \qquad (6.25)$$

4. A 点和 B 点不干涉条件

A 点和 B 点到 O 点垂直距离不能太小,则有

$$L_R\sin(\delta+\lambda)\geqslant L_{4min}, \qquad L_R\sin(\delta+\lambda+\varphi_M+\varphi_N)\geqslant L_{6min} \qquad (6.26)$$

5. 液压缸后铰点条件

O_1 点受到底托架和过煤高度的限制,则有

$$L_{3max}\geqslant L_5\cos\lambda, \qquad L_{4max}\geqslant L_5\sin\lambda\geqslant L_{4min} \qquad (6.27)$$

6. 小摇臂条件

L_R 受到结构尺寸的限制,即

$$L_{Rmax}\geqslant L_R\geqslant L_{Rmin} \qquad (6.28)$$

7. 液压缸的推力要求

如果先将调高液压缸最大的工作压力 p、液压缸内径 D_1 和活塞杆直径 d 确定下来,则要求液压缸产生的压力应大于或等于负载力,即

$$\frac{\pi}{4}(D_1^2-d^2)pk_1\geqslant\frac{M_1}{L_R\sin\gamma} \qquad (6.29)$$

式中　k_1——余量系数,k_1 取 0.8。

6.1.7　优化模型的求解

由优化模型可以看出,这是一个多目标、多变量的约束求解问题,可采用内点罚函数法,引入增广目标函数,该约束问题可转化为无约束优化问题来求解。在计算过程中,调用了鲍威尔法、二次插值法和进退法这三个子程序。鲍威尔法用来求解无约束多变量目标函数的极值点,二次插值法用来确定鲍威尔法所需要的最优步长,进退法用来求解最优步长所在区间。计算时,先给定惩罚因子初值,以后每次迭代依次递减因子,随着递减逐渐逼近问题的最优点或次优点。

以某型采煤机为计算实例,得到原始设计与优化设计结果见表 6.1 和表 6.2。可以看出,液压缸在伸缩全程时的最大上下摆动角度比原始设计减小 27.76%,液压缸的行程比原始设计减小 19.27%,液压缸的受力比原始设计减小 11.5%,而摇臂所受弯矩比原始设计增大 0.91%。增大的原因是计算时此项的加权系数考虑的比较小。在处理多目标函数的优化问题时,对每个子目标函数要求的重要程度不同,而其优化的结果也不同,这是多目标函数优化问题的特点。

表 6.1　原始设计与优化设计结果 1

方法	L_1/mm	L_2/mm	φ_M/(°)	φ_N/(°)	L_R/mm	δ/(°)	λ/(°)
优化设计	1 399.82	1 583.28	50.37	14.41	527.47	41.18	13.74
原始设计	1 190	1 750.6	65	17	486	36.63	12.37

表 6.2　原始设计与优化设计结果 2

方法	液压缸行程/mm	液压缸长度/mm	摆动角度/(°)	液压缸拉力/N	摇臂弯矩/(N·m)
优化设计	565.13	1 236.05	2.935 8	214 495	$8.101\ 8 \times 10^5$
原始设计	700	1 370	4.064 1	242 395	$8.028\ 4 \times 10^5$

6.2　单向示范刀截割轨迹优化设计

采煤机记忆截割是实现采煤工作面"自动化"及"少人化"的关键技术,而记忆截割轨迹的准确程度直接影响煤炭回采率。通过优化方法对记忆截割轨迹进行规划,以满足单向示范刀记忆截割技术要求,使规划后的记忆截割轨迹既能满足生产装备要求,又能保证回采率。

6.2.1　记忆截割原理

记忆截割需要重复使用已经储存的各种截割信息,如图 6.8 和图 6.9 所示。在这种情况下,截割地点和截割时间等信息变得无关紧要。如有必要,采煤机操作者可中断采煤机自动控制,进行手工修正。截割时,采用手动方式实现对挡煤板的监测,并对其进行翻转控制。

计算机储存采煤机的相关信息,如工作面长度、牵引方向、牵引速度、左右螺旋滚筒位置、采煤机横向倾角,采煤机纵向倾角,采煤机的位置等。但在自动操作期间,控制系统调

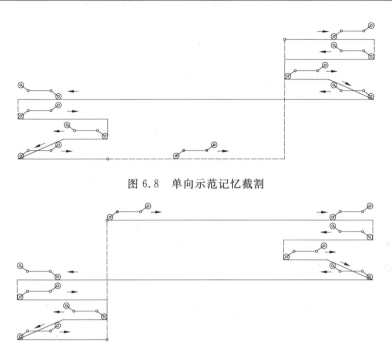

图 6.8　单向示范记忆截割

图 6.9　双向示范记忆截割

用储存的信息并识别采煤机所处的位置。采煤机要根据记忆截割时储存的信息重复调整采煤机的牵引方向、牵引速度及煤旋滚筒位置,其记忆的采煤机的横向角及纵向倾角用于校正螺旋滚筒的位置。

采煤机记忆数据的步距(位移采样周期)可固定或通过人机对话进行设定,其他参数需预先确定。但有些采煤机记忆截割参数时,不记录牵引速度,而是在自动割煤模式下,当截割电动机或牵引电动机电流过载时,在全程设定的牵引速度范围内,能自动调节采煤机牵引速度。总体来说,记忆截割具有以下特点。

(1)记忆截割之前无须进行任何信息的输入,但当某一采集参数需要限制时,应预先键入该参数的上下限,防止动作饱和。如前滚筒上摆动最大高度、后滚筒上摆最大高度和最大卧底量可预先设定,当实际卧底量达到或接近极限卧底量时,锁定自动下调卧底量。

(2)记忆截割操作必须贯穿在整个工作面上,在此期间不得改变记忆截割工作状态。一个完整的记忆截割操作应从工作面一端开始,经过整个工作面并在同一工作面的另一端结束。示范刀有两种方式:如图 6.8 所示的单向示范记忆截割,即用单向记忆截割方式来满足双向自动截割信息的需要;图 6.9 所示的双向示范记忆截割。无论是双向还是单向记忆截割,都需要记忆斜切进刀截割时的参数,尤其示范刀为单向截割的记忆方式时,应具有上、下螺旋滚筒的自动识别功能。示范刀前后螺旋滚筒无论是割顶还是割底,均可以与实际割煤时的情况不一致,此时螺旋滚筒的高度参数需换算。

(3)为保证自动截割精度,一次记忆截割的参数使用距离不应大于 2 000 m。当储存信息部分被修改时,如牵引方向变化,记忆截割的总长度及区域必须保持不变,并且采煤机每截割一刀要进行一次偏位移量的修正,设置起始零点。

如果采煤机离开记忆截割区域,则应使用中断自动操作功能,直到采煤机再次进入记忆截割区域前,不能恢复自动操作。

(4)在记忆截割、自动截割、手动截割三种模式下,要设置不同工作状态显示,方便操作者辨别。同时,采煤机要有自动截割模式下的工况显示,包括左右螺旋滚筒高度、倾斜角度、采煤机位置、工作面高度、卧底量等。

(5)记忆截割前,必须清除已储存的信息,开始新的记忆截割时,借助"清除储存"删除已存储的信息。检查工作面参数子菜单中的设定。记忆截割操作必须贯穿在整个工作面上,在此期间不得解除记忆截割工作方式。记忆截割时,采煤机不得采用停止牵引的方式停机,可采用反方向运行指令停机。

(6)当进行记忆截割时,螺旋滚筒位置可以被限定到一个特定的回采高度,参数可以相应地进行调整和设定。例如,前滚筒向上截割最大高度为 2.8 m;后滚筒最大卧底深度为 −0.1 m;后滚筒向上截割最大高度为 0.1 m;无限制的最大采高为左 5.00 m,右 5.00 m。

(7)采煤机在同一方向经过启动点前不应停止记忆截割,采煤机在同一方向上再一次经过启动点时,停止记忆截割、停下采煤机,显示器的显示由"记忆"变为"关闭"。

(8)采煤机的各项功能可全部在遥控器上实现,并能方便地通过专用键和复合键在自动割煤、示范刀割煤、手动割煤之间转换。采煤机设有自动化模式菜单,菜单内的各种参数可以任意调整,进入自动化菜单前要设置密码。

6.2.2 优化模型的建立

1. 目标函数的确定

假设采煤机在工作过程中,由于煤层的蕴藏状态在一定的范围内一致,工作面厚度和煤层倾角的变化相对缓慢,为使刮板输送机与液压支架推移顺畅,需要以回采率达到最大为目的建立目标函数。对于底板截割轨迹来说,在保证采煤机与液压支架推移及推溜顺畅的情况下,利用等高定差模式进行自动截割产生底板截割轨迹,所以该轨迹线根据实际工况和操作者经验设定,而且在有限的工作循环是保持不变的。因此,为了使采煤机的采煤量达到最大,只要优化顶板记忆截割轨迹,使记忆截割轨迹和单向示范刀采样轨迹吻合度达到最大,就能满足要求。

在端头工作面的煤层中任选一个位置作为坐标原点,以水平线为横坐标,垂直线为纵坐标,建立直角坐标系。为了实现最大采煤量这一目标,只要顶板记忆截割轨迹线与 x 轴所围成的面积最大,为使顶板记忆截割轨迹逼近单向示范刀采样轨迹,建立轨迹优化数学模型:

$$A_1 - A_2 = 0 \tag{6.30}$$

式中　A_1——顶板记忆截割轨迹线与水平线 x 轴围成的面积,m²;

　　　A_2——单向示范刀采样轨迹线与水平线 x 轴围成的面积,m²。

为了计算方便,把式(6.30)目标函数变换为

$$A = \sum_{h_1 < h_2} h_1 \mathrm{d}x + \sum_{h_1 > h_2} h_2 \mathrm{d}x \tag{6.31}$$

式中　h_1——顶板记忆截割轨迹线上点的纵坐标,m;

h_2——单向示范刀采样轨迹线上点的纵坐标，m。

2. 设计变量的选取

确定变量是截割轨迹数学描述的核心问题。目标函数优化都是通过数值计算方法，并且以采煤机顶板记忆轨迹与单向示范刀采样轨迹为曲线，所以需要先进行采样再进行规划。目标曲线是顶板记忆截割轨迹线，在记忆截割工作状态下，通过单向信息采集模式采集采煤机的工作参数、位置参数、姿态参数和煤岩状态等参数的信息，根据单向示范刀记忆截割数学原理中的顶板数字化模型得到顶板记忆截割轨迹离散样本点；而在手动工作状态下，单向示范刀采样轨迹通过采煤机上传感器得到的离散点来描述。其中，采用等距位移作为采样尺度，采样间隔为 1.5 m，然后通过埃尔米特插值得到中间点值，为了方便计算，将式(6.31)转换为离散点的目标函数，即积分改为求和式，则

$$A = 1.5 \sum_{i=0}^{m} h_1^i \sum_{i=0}^{n} h_2^i \tag{6.32}$$

式中　m——记忆截割轨迹高于单向示范刀采样轨迹的点数；

h_2——记忆截割轨迹低于单向示范刀采样轨迹的点数；

i——第 i 个采样点。

3. 约束条件

(1)约束条件 1。

考虑到液压支架推移和推溜以及刮板输送机和液压支架的设计弯曲能力等问题，顶板记忆截割轨迹线的曲率不能过大，过大会使顶板出现坑洼和凸起，使得液压支架、刮板输送机的支护、推移困难，因此，截割轨迹的二阶导数不能太大，考虑到截割轨迹最大曲率为 5°，则

$$|2h_1^i - h_1^{i+1} - h_1^{i-1}| \leqslant 0.09 \tag{6.33}$$

(2)约束条件 2。

记忆截割轨迹始末两处的高度与运输巷和通风巷的高度相同，则

$$\begin{cases} h_1^0 = h_0 \\ h_1^L = h_L \end{cases} \tag{6.34}$$

式中　h_0、h_L——运输巷和通风巷的高度；

L——工作面长度。

该约束通过直接实数赋值实现。

(3)约束条件 3。

通过分析采煤机单向示范刀和记忆截割状态，以及牵引速度和液压调高系统的性能(滞后性)关系，采样间隔内顶板的高度变化应为

$$DH = \frac{D_x}{v_q} v_g \tag{6.35}$$

(4)约束条件 4。

在满足约束 1、约束 2、约束 3 的条件下，使单向示范刀采样轨迹与记忆截割轨迹线吻合度高，则

$$\lim |h_1^i - h_2^i| = 0 \tag{6.36}$$

针对目标函数是求最值问题的特点，为了使规划后的单向示范刀采样轨迹和记忆截割轨迹尽可能吻合，采用方差最小作为适应度函数：

$$s^2 = \sum_{i=1}^{n} [h_{1\_i} - f(x_i)]^2 / n \tag{6.37}$$

6.2.3　优化方法的选择与实现

粒子群算法对于轨迹路径规划具有良好的适应性，所以，单刀示范截割轨迹的优化问题可以采用粒子群算法进行问题的求解。

设 $\boldsymbol{Z}_j = [z_{j1}, z_{j2}, \cdots, z_{jD}]$ 为第 j 个粒子的 D 维位置矢量，代入根据要求设定的适应值函数 $f(t)$ 计算 Z_j 当前的适应值，即可衡量粒子位置的优劣；$\boldsymbol{V}_j = [v_{j1}, v_{j2}, \cdots, v_{jd}, \cdots, z_{jD}]$ 为粒子 j 的飞行速度，即粒子移动的距离；$P_j = (p_{j1}, p_{j2}, \cdots, p_{jd}, \cdots, p_{jD})$ 为粒子迄今为止搜索到的最优位置；$P_g = (p_{g1}, p_{g2}, \cdots, p_{gd}, \cdots, p_{gD})$ 为所有粒子到目前为止搜索到的最优位置。

在每次迭代中，粒子根据以下式子更新速度和位置：

$$v_{jd}^{k+1} = \omega v_{jd}^k + c_1 r_1 (p_{jd} - z_{jd}^k) + c_2 r_2 (p_{gd} - z_{jd}^k) \tag{6.38}$$

$$z_{jd}^{k+1} = z_{jd}^k + v_{jd}^{k+1} \tag{6.39}$$

式中　j——粒子数，取 $1, 2, \cdots, m$；

d——粒子维数，取 $1, 2, \cdots, D$；

k——迭代次数；

r_1、r_2——$[0,1]$ 之间的随机数；

ω——惯性权重；

c_1、c_2——学习因子。

为了更好地到达全局最优位置，将自适应惯性权重和动态调整学习因子相结合。种群的全局搜索能力由全局搜索速度和惯性控制。如果 ω 得到一个固定的较大值，算法的收敛速度会过慢，最终解的精度也会很低。如果 ω 得到一个固定的较小值，算法可以检测到局部区域，在这种情况下，算法容易早熟收敛。此外，还发现粒子群（PSO）的惯性加权值不宜过高也不宜过低。在 $0.9 \sim 0.4$ 之间降低效果最好。更新后的惯性权重规则为

$$\omega = \begin{cases} \omega_n + (\omega_x - \omega_n) \times \sin^2\left[\dfrac{\pi}{2}\left(1 - \dfrac{k}{T_x}\right)\right] & \left(k \leqslant \dfrac{T_x}{2}\right) \\ \omega_n + (\omega_x - \omega_n) \times \dfrac{k}{T_x} & \left(k > \dfrac{T_x}{2}\right) \end{cases} \tag{6.40}$$

式中　ω_n——ω 的最大值；

ω_x——ω 的最小值；

T_x——最大迭代次数；

k——当前迭代次数。

为了增强算法前期粒子的搜索能力和后期的收敛能力，本书在前期保持较大的 c_1 值和较小的 c_2 值，在算法的后期保持 c_1 值较小，c_2 值较大。要满足 PSO 算法的收敛条件，

算法各参数需要满足以下条件：

$$\begin{cases} 0<\omega<1 \\ 0<c_1r_1+c_2r_2<4 \\ c_1r_1+c_2r_2<2(\omega+1) \end{cases}$$

更新后的学习因子规则为

$$\begin{cases} c_1=2\omega \\ c_2=\min[4,2(\omega+1)]-2\omega-0.000\,001 \end{cases}$$

通过软件实现粒子群算法程序编程，对单向示范刀采样迹线进行优化。考虑最后的规划结果必然在单向示范刀采样轨迹附近，第 1 代个体包含截割轨迹始末两处的高度与运输巷、通风巷高度相同和单向示范刀采样轨迹两部分。

顶板截割轨迹规划前后的偏差如图 6.10 所示，结果表明，通过粒子群规划后的截割轨迹的采样点与单向示范刀采样轨迹具有偏差，偏差范围在 $-0.02\sim0.05$ m。对于正偏差状态，由于煤层与顶板硬岩都有一定的过渡层，故只能造成生产煤炭灰分加大，但是对采煤机没有太大的影响；对于负偏差状态，综合分析考虑其留煤量与采煤量的关系，对回采率有一定影响。

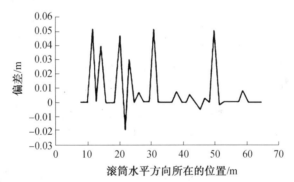

图 6.10　顶板截割轨迹规划前后的偏差

所以为了优化采煤机截割轨迹结果，进一步对单向示范刀采样轨迹进行修正，使得记忆截割轨迹更加符合实际工况。因此，在进行轨迹规划后，单向示范刀采煤机记忆截割技术既能避免与矸石相交，又能提高产煤效益，同时，该技术的准确性与稳定性更加完善。

第7章　采煤机牵引机构优化设计

牵引机构是采煤机的关键单元,承担着使采煤机沿工作面刮板输送机中部槽导向行走的任务,其核心部件为行走轮和销轨。采煤机牵引机构除了承受采煤机机身自重压力、牵引力等基本载荷外,还需要承受由行走轮啮合冲击、工作面地质条件突变和煤层岩性突变等产生的冲击载荷,常出现行走轮轮齿折断、磨损失效等,严重影响采煤效率,造成很大经济损失。

尽管近年来国内外学者通过研究对采煤机牵引机构,对于改善采煤机行走部的动态传动性能有了很大进步,但仍然存在着周期性脉动的现象,这对采煤机工作性能和使用寿命是不利的。为此,针对齿销牵引机构,用优化设计的方法,从分析速度和受力情况入手,建立数学模型,并根据数学模型的特点,采用合适的优化方法对牵引机构进行寻优,以改善其牵引性能。

7.1　牵引机构的驱动方式

7.1.1　牵引方式

目前,采煤机通常采用无链牵引机构,通过行走轮与刮板输送机溜槽上的销齿啮合行走,同时依靠导向滑靴实现无链牵引驱动的行走导向。无链牵引替代有链牵引无疑是采煤机一项历史性的飞跃,但同时它也存在一些问题。

我国高产高效工作面不断涌现,采煤机整机功率和牵引力大幅攀升,综采技术得到快速发展。采煤机牵引方式有单列驱动、双列驱动两种。

1. 单列驱动

为了提高牵引力,目前,多数采煤机采用单列双驱动牵引方式,其结构比较简单,主要分为液压牵引和电牵引。液压牵引驱动方式是由液压油泵提供压力油,向两个液压马达同时供油,再经过几级齿轮减速(当采用低速大扭矩内曲线径向油马达时,也可不再经过齿轮减速或仅有一两级减速),传动牵引链轮或无链牵引的传动装置,实现对采煤机的牵引。因为液压调速容易实现无级调速和自动调速,而且结构紧凑,所以过载保护也很简便。液压牵引部虽然有许多优点,但是液压元件的加工精度要求较高,维修比较困难,尤其是采煤机在井下工作,工作液体容易被污染,引起各种故障,影响工作的可靠性。液压牵引一般用安全阀进行过载保护,因而发热量较大,影响机械效率。电牵引驱动方式是通过控制牵引电动机的转速来实现的,能实现正反向牵引和停止牵引,通过对牵引电动机的监测和控制来保证牵引部的安全可靠运行,广泛应用于现代采煤机上。

2. 双列驱动

采用双列驱动,不仅可以有效减小各牵引机构的负担,同时可以均衡整机受力,提高整机运行的平稳性、可靠性和爬坡能力。但是由于双列四驱动牵引的四点过约束支撑方式易出现导向干涉等问题,因此采煤机复杂、恶劣的工作条件制约了采煤机向更大功率、更大采高、更大牵引力和更大适应倾角方向发展,国内目前没有对如何实现采煤机的双列四驱牵引提出有效办法。针对目前传统采煤机牵引机构及其组件的结构特点,基于对采煤机原有牵引机构进行结构改进与优化,作者团队提出一种带有液压调姿系统的牵引机构——采煤机液压浮动调姿牵引机构。图7.1所示为带有液压浮动调姿牵引机构的采煤机。

图7.1　带有液压浮动调姿牵引机构的采煤机

(1)双列驱动牵引机构结构特征。

综合分析采煤机急需解决问题,基于采煤机整机力学分析和对采煤机原有牵引机构结构的改进,提出一种带有液压调姿功能的采煤机牵引机构。该装置在传统采煤机牵引传动箱壳体两侧安装液压缸,通过两侧液压缸的实时调整以实现各行走轮负载均匀,改善支撑、导向滑靴受力状态,减少过载情况的发生,并为多驱动牵引的实现提供有利条件。液压浮动调姿牵引机构力学模型简图如图7.2所示,图中 O_1、O_3、O_4 为机构与采煤机的连接点;Q_1 和 Q_2 为牵引驱动箱与姿控液压缸的连接点;φ 为姿控牵引机构的浮动摆角,(°);α、β 为固定位置角,(°);δ_1、δ_2 分别为 O_1Q_1 与左缸轴线、O_1Q_2 与右缸轴线的夹角,(°);K_1 为摆动中心 O_1 与缸连接点 $O_3(O_4)$ 的距离,mm;K_2 为摆动中心 O_1 与连接点 Q_1(Q_2)的距离,mm;H 为摆动中心 O_1 与连接点 O_2 的距离,mm;l 为姿控液压缸初始长度,牵引驱动箱轴线处于中间位置时左、右缸长度相同,mm。调姿液压缸的功能主要有两个:其一是承受采煤机牵引机构及整机的外部载荷;其二是通过调姿液压缸的伸缩运动转换为该支撑点的上下浮动,从而保持了导向滑靴与齿轨最大程度接触,这样,当采煤机在底板起伏较大的复杂工况下工作时,仍具有较好的通过性和平顺性。液压浮动调姿仿真模型图如图7.3所示。

(2)设计参数。

①调姿范围。采煤机分析实例采用某型号大功率采煤机前、后滑靴支撑点跨度为7 300 mm,配套 SGZ1000/1400 型刮板输送机,溜槽规格(长×宽×高)为 1 500 mm×1 000 mm×345 mm,即机身横跨五节溜槽。由多节溜槽连接成一体的输送机在底板起伏不平等特殊工况下可以在一定范围内弯曲,以保证综采面工作的顺利进行。允许溜槽

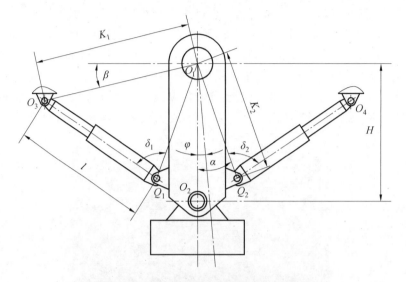

图 7.2 液压浮动调姿机构力学模型简图

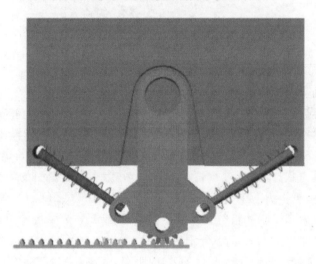

图 7.3 液压浮动调姿仿真模型图

间有 $\pm 1.1°$ 的水平弯曲角度和 $\pm 3°$ 的垂直弯曲角度,在底板铺设时,允许横向倾斜角度有不大于 $3°$ 的误差。图 7.4 所建立的空间直角坐标系 $Oxyz$ 中,如果溜槽连接处没有偏转角度,则溜槽上四个支撑点 A、B、C、D 将同处一个平面内,如图 7.4 所示,四个支撑点位置的坐标分别为 $A=(x_A,y_A,z_A)$、$B=(x_B,y_B,z_B)$、$C=(x_C,y_C,z_C)$、$D=(x_D,y_D,z_D)$;如果输送机偏转程度达到最大,即受三个弯曲角度影响,各节溜槽连接处均向同一方向发生最大角度偏离,则从图中可以看出,B、C 两点分别偏至位置点 $B'=(x'_B,y'_B,z'_B)$ 和 $C'=(x'_C,y'_C,z'_C)$,B' 点偏离其他三个支撑点形成的平面 $AC'D$,则 B' 点至平面 $AC'D$ 的垂直法向距离是溜槽上偏离点到其余三个受力点所成平面的垂直距离,该距离即为滑靴受不平衡负载的主要原因。

设平面 $AC'D$ 某一法向量 $\boldsymbol{n}=[x_n,y_n,1]$,向量 $\boldsymbol{AD}=[x_D-x_A,y_D-y_A,z_D-z_A]$,

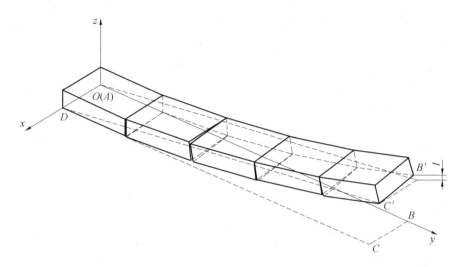

图 7.4　溜槽弯曲三维坐标图

$C'D = [x_D - x'_C, y_D - y'_C, z_D - z'_C]$，$B'D = [x_D - x'_B, y_D - y'_B, z_D - z'_B]$，则有 $n \perp AD$ 和 $n \perp C'D$，那么由 $n \cdot AD = 0$ 和 $n \cdot C'D = 0$ 可得

$$l = \frac{|n \cdot B'D|}{n} \tag{7.1}$$

即可知溜槽上四个受力点中任一点至其他三个受力点所形成平面的垂直法向距离。齿轨一节一节连接在输送机中部槽上，前、后导向滑靴骑在采煤机齿轨上，且齿轨连接处的接缝与中部槽接缝交互错开，受齿轨长度约为每节中部槽长度一半的影响，根据输送机和齿轨的结构关系，可知前后支撑和导向滑靴四个支撑点不共面时，滑靴悬空点至其他三个滑靴支撑点形成平面的距离约为 $l/2$。同时，导向滑靴结构本身对工况的变化有一定的适应能力，因此支撑点高度最大可调整 30 mm，在很大程度上可减少故障的发生，因此确定支撑点最大浮动范围 $\Delta H = 30$ mm。在综合考虑调姿范围的设计要求，牵引机构的几何尺寸和调姿液压缸工作空间的限制等基础上，确定液压浮动调姿牵引机构的主要结构尺寸参数，同时充分考虑液压浮动调姿牵引机构的安全性和可靠性，通过估算液压缸受力确定选用液压缸缸径和杆径。

②调姿范围与液压缸行程关系。由图 7.2 所示几何关系，可得牵引传动箱壳体摆动任一角度 θ 时，机身铰接点 O_1 至行走轮中心轴线的垂直距离 H 为

$$H = K_2 \cos \varphi \tag{7.2}$$

采煤机在综采面处于静止水平状态时，牵引传动箱壳体 $O_1 O_2$ 处于中位，此时 $O_1 O_2$ 摆角 θ 最小，$\theta_{min} = 0$，而机身铰接点 O_1 至行走轮中心轴线的垂直距离 H 最大为 K_2。根据确定的调姿范围 $\Delta H = H_{max} - H_{min} = 30$ mm，当支撑点调到最低位置时，H 取最小，此时对应摆角 θ 最大，从图 7.2 中几何关系可得

$$\theta_{max} = \arccos \frac{H_{min}}{H_{max}} \approx 10°$$

根据图 7.2 中的几何关系，利用余弦定理可得液压缸在某一工作位置的长度为

$$K_S = \sqrt{K_1^2 + K_2^2 - 2K_1 K_2 \cos [90° - (\alpha + \beta \pm \varphi)]} \tag{7.3}$$

　　采煤机平稳工作时,左右牵引机构的调姿液压缸对应油腔是相互打通,保证外部载荷可以均匀分布到每只滑靴上。当井下底板起伏较大时,采煤机正常工作状态将发生改变,会产生左右牵引机构负载不平衡的现象,此时需要通过机身左右牵引传动箱壳体两侧油缸协同调整伸缩情况,改变支撑点高度,达到均匀载荷的目的。采煤机前进或后退行进截煤时,左右液压缸的工作状态截然相反,根据运动方向可以判断油缸运动新情况,式中以"±"区分。液压缸缩短,按上符号计算;液压缸伸长,则按下符号计算。通过上述分析可知,牵引传动箱壳体 O_1O_2 摆角的范围在 $0 \sim 10°$。

　　③液压缸行程。由图 7.2 可以求出液压缸最小行程的理论值为

$$S_{\min} = K_{S\max} - K_{S\min} \tag{7.4}$$

式中

$$K_{S\max} = \sqrt{K_1^2 + K_2^2 - 2K_1K_2\sin(\alpha+\beta-\varphi_{\max})}$$

$$K_{S\min} = \sqrt{K_1^2 + K_2^2 - 2K_1K_2\sin(\alpha+\beta+\varphi_{\max})}$$

7.1.2　牵引机构结构形式

　　无链牵引机构主要有三种:销轮齿轨式、齿轮链轨式和齿轮销轨式。图 7.5 为销轮齿轨式牵引机构,采煤机牵引传动箱驱动滚轮与固定在输送机上的齿条相啮合,实现采煤机的牵引。图 7.6 为齿轮链轨式牵引机构,采煤机将驱动力传递到驱动链轮上,使链轮与不等节距圆环链啮合,实现采煤机的牵引。图 7.7 为齿轮销轨式牵引机构,其工作原理为牵引电机将动力经过一系列的齿轮啮合以及行星减速传递到牵引传动箱采空区一侧出轴的主动齿轮,主动齿轮与行走轮同轴的从动齿轮(或直接与行走轮)啮合,再由行走轮与工作面刮板输送机上的销轨啮合,实现采煤机沿着工作面的直线运动。导向滑靴与行走轮被铰接在同一轴上,主要起到支撑采煤机并导向的作用,同时还承受采煤时的部分载荷,保证行走轮与销齿的正常啮合,采煤机工作时,行走轮只受牵引力。经过较长时间生产实践的检验,销轮齿轨式牵引机构因不能满足实际生产实践的需要而慢慢被舍弃,齿轮销轨式牵引机构因能够满足实际生产实践的需要而得到了大范围的推广和应用。到目前为止,采煤机的牵引机构仍然沿用这种牵引行走方式。

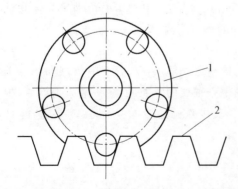

图 7.5　销轮齿轨式牵引机构

1—滚轮;2—齿条

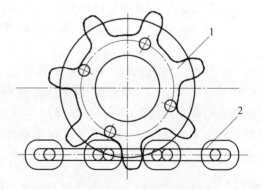

图 7.6　齿轮链轨式牵引机构

1—驱动链轮;2—圆环链

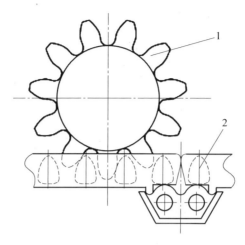

图 7.7　行走轮销齿式牵引机构

1—行走轮;2—销齿

采煤机行走轮按照轮齿齿廓的差异可以分为摆线齿廓、渐开线齿廓、复合齿廓、多段圆弧齿廓等。摆线齿廓和渐开线齿廓是目前采煤机行走轮常用的两种齿廓,其中摆线齿廓又可分为摆线和准摆线两类;渐开线齿廓也可以分为准渐开线和纯渐开线两类。

根据目前行业内的使用情况,与采煤机行走轮配套的销齿共有三种齿形,其型号如图 7.8 所示。采用Ⅰ型销齿和Ⅱ型销齿的销排其节距一般为 125 mm 的小节距,而大功率大采高采煤机一般采用的是Ⅲ型销齿,节距为 147 mm。随着一次采全高 7 m、8 m 采煤机的相继问世,销齿的节距又增加了 172 mm 和 176 mm 两个种类。

　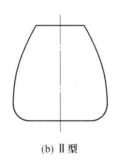　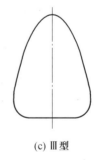

(a) Ⅰ型　　　　　　　(b) Ⅱ型　　　　　　　(c) Ⅲ型

图 7.8　销齿齿形

7.1.3　驱动轮齿廓方程

采煤机牵引机构的驱动轮的齿廓通常有渐开线、摆线两种基本形式。现以摆线作为驱动轮的齿廓为例,其多用于薄煤层采煤机上,以减缓采煤机在工作过程中的冲击振动,使牵引过程能够实现稳定、可靠,操作过程安全,并能够较好地适应采煤机运行底板的高低起伏,以及对于销轨各销齿的节距、驱动轮与销齿啮合中心距的变化都能够很好地适宜。摆线驱动轮齿廓的形成原理如图 7.9 所示。由卡姆士(CAMUS)定理可知,摆线轮齿的齿廓通常是由两段曲线组成的,即外摆线齿廓+内摆线齿廓;滚动圆相对定圆外切并做纯滚动,定圆为基圆,动圆上任意一点轨迹形成外摆线齿廓如图 7.9(a)所示;动圆与定圆内切,相对纯滚动,形成内摆线如图 7.9(b)所示。

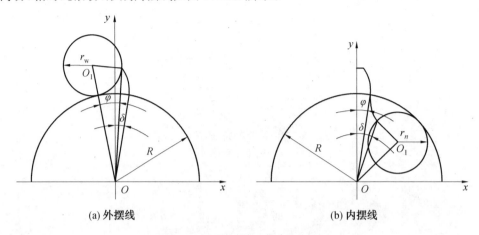

(a)外摆线 (b)内摆线

图 7.9 摆线驱动轮齿廓的形成原理

注:O 为行走轮轮心;O_1 为内滚圆/外滚圆圆心

外摆线齿廓方程可以在所建立的 xOy 直角坐标系中以坐标的形式表达,具体表示的坐标方程为

$$\begin{cases} x_\mathrm{w} = -(R+r_\mathrm{w})\sin(\varphi-\delta) + r_\mathrm{w}\sin\left[\left(1+\dfrac{r_\mathrm{w}}{R}\right)\varphi-\delta\right] \\ y_\mathrm{w} = (R+r_\mathrm{w})\sin(\varphi-\delta) - r_\mathrm{w}\sin\left[\left(1+\dfrac{r_\mathrm{w}}{R}\right)\varphi-\delta\right] \end{cases} \tag{7.5}$$

式中　x_w、y_w——外摆线齿廓线任意一点 x 轴、y 轴坐标,mm;

　　　r_w——外滚动圆半径,mm;

　　　δ——基圆弦与齿的半夹角,(°);

　　　φ——OO_1 与起线的夹角,(°);

　　　R——行走驱动轮基圆半径,通常可用 $R=tz/2\pi$ 来表示,mm。

内摆线齿廓方程也可以通过上述的构造原理,以坐标的形式表达,具体表示的坐标方程为

$$\begin{cases} x_n = (R-r_n)\sin(\varphi+\delta) + r_n\sin\left[\left(1-\dfrac{r_n}{R}\right)\varphi-\delta\right] \\ y_n = -(R-r_n)\sin(\varphi+\delta) - r_n\sin\left[\left(1-\dfrac{r_n}{R}\right)\varphi-\delta\right] \end{cases} \tag{7.6}$$

式中　x_n、y_n——外摆线齿廓线任意一点 x 轴、y 轴坐标,mm;

　　　r_n——内滚动圆半径,通常为 $R/3$,mm。

7.2 优化模型的建立

采煤机牵引机构的驱动轮与销齿的啮合线为曲线,属于非共轭传动,影响着采煤机的运行平稳性,同时也影响着采煤机的牵引力。通过建立驱动轮与销轨上销齿之间的啮合方程、牵引速度以及牵引力脉动率方程,选取设计变量,给出约束条件,进而建立优化

模型。

7.2.1　目标函数的确定

1. 啮合方程

针对某型号薄煤层采煤机,采用 Ⅰ 型销齿,驱动轮与销齿啮合状态如图 7.10 所示。设齿廓 K 点与销齿啮合,K 点坐标为 (x_K,y_K),销齿上圆弧中心点坐标为 (x_E,y_E),可得

$$\begin{cases} x_E = x_K + r_x \cos \lambda \\ y_E = y_K + r_x \sin \lambda \end{cases} \tag{7.7}$$

式中　r_x——销齿上圆弧半径,mm;

　　　λ——水平轴线与 K 点法线间夹角,(°)。

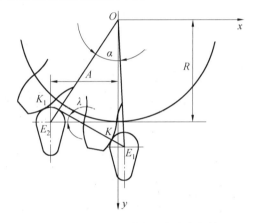

图 7.10　驱动轮与销齿啮合线求解简图

注:K_1、K_2 分别为驱动轮齿与销齿的两任意啮合点;E_1、E_2 分别为两啮合点处销齿的上圆弧中心

求解啮合线采用逆向求解方法,认为驱动轮齿和销齿可绕驱动轮心旋转,即从 E_1 点旋转到 E_2,由图 7.10 可知,E_2 点到 y 轴的距离 A 为

$$A = \sqrt{x_E^2 + y_E^2 - R^2} \tag{7.8}$$

式中　x_E、y_E——销齿上圆弧中心点在 x 轴、y 轴的坐标,mm;

　　　R——行走驱动轮基圆半径,mm。

则由 E_1 转到 E_2 的转角 α 为

$$\alpha = -\arctan \frac{x_E}{y_E} - \arctan \frac{A}{R} \tag{7.9}$$

因此,K_1 点的坐标可以表示为

$$\begin{cases} x_{K1} = x_E \cos \alpha + y_E \sin \alpha \\ y_{K1} = y_E \cos \alpha - x_E \sin \alpha \end{cases} \tag{7.10}$$

式中　x_{K1}、y_{K1}——K_1 点在 x 轴、y 轴的坐标,mm;

　　　α——OE_1 与 OE_2 之间的夹角,(°)。

由式(7.8)、式(7.9)、式(7.10)可求出啮合线上各点的坐标。

2. 牵引速度脉动率

驱动轮以角速度 ω 旋转并与销齿不断啮合的过程中，采煤机的牵引速度可用 v_Q 表示：

$$v_Q = \xi \omega \cos \theta = y_K \omega \tag{7.11}$$

式中　θ——K 点与中心位置的转角，(°)；

　　　　ω——采煤机驱动轮的角速度，rad/s；

　　　　ξ——啮合曲线上任意一点 K 到驱动轮中心的距离，mm；

　　　　y_K——K 点在 y 轴的坐标，mm。

则牵引速度脉动率为

$$\zeta_v = \frac{v_{Q\max} - v_Q}{v_{Q\max}} = \frac{(R - y_K)\omega}{R\omega} \tag{7.12}$$

式中　$v_{Q\max}$——牵引速度的最大值，驱动轮轮齿啮合点与 y 轴相交时取值最大，此时为 $R\omega$。

若销轨上各销齿的节距为 t，基圆齿厚为 σ，摆线驱动轮转到正位进入啮合处与 y 轴的距离为 $\dfrac{s-t}{2}$，当退出啮合时，y 轴的距离为 $\dfrac{s+t}{2}$，以此可以得出临界点处牵引速度的脉动率的临界值。

3. 牵引力脉动率

驱动轮齿销啮合过程中，若不考虑摩擦作用，只考虑啮合状态驱动轮齿与销齿之间的接触作用力，则此时轮齿的受力情况如图 7.11 所示。

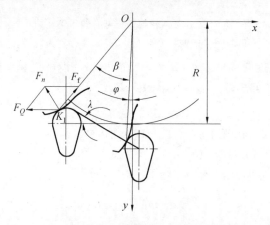

图 7.11　轮齿的受力情况

在销齿相对于 y 轴转过 β 后，可得转矩平衡方程为

$$RF = F_n y_{K1} \cos(\lambda + \beta - \varphi) \tag{7.13}$$

式中　F——牵引速度的最大值，驱动轮轮齿啮合点与 y 轴相交时取值最大，N；

　　　　F_n——驱动轮齿与销齿啮合点 K_1 的法向力，N；

　　　　y_{K1}——K_1 点在 y 轴的坐标，mm；

　　　　λ——水平轴线与 K_1 点法线间夹角，(°)；

β——销齿相对于 y 轴转过的角度,(°);

φ——正位啮合点与 y 轴之间的夹角,(°)。

而

$$\frac{F_n}{F_Q} = \frac{\sin(90°+\beta)}{\sin(90°+\varphi-\lambda)} \tag{7.14}$$

式中　F_Q——驱动轮齿与销齿啮合点 K_1 的水平分力,N。

因此,牵引力脉动率 ζ_F 为

$$\zeta_F = \frac{F-F_Q}{F} = -\left[\frac{R\cos(\lambda-\varphi)}{y_{K1}\cos\beta\cos(\lambda+\beta-\varphi)}-1\right] \tag{7.15}$$

由上述分析可看出,齿销式牵引机构的牵引速度和牵引力都是脉动的,这种脉动给采煤机工作时造成很大的动负荷,使其工况变坏。为了改善采煤机的牵引性能,设计时不但要保证采煤机有足够的牵引力,而且还应设法减小牵引速度的脉动率。因此,该问题属于多目标优化设计问题。采用线性加权组合法,其统一目标函数为

$$\min F(\boldsymbol{X}) = W_1 F_1(\boldsymbol{X}) + W_2 F_2(\boldsymbol{X})$$

式中　W_1、W_2——加权因子;

$$F_1(\boldsymbol{X}) = \zeta_v$$
$$F_2(\boldsymbol{X}) = \zeta_F$$

7.2.2　设计变量的选取

通过上述目标函数及各参数对采煤机牵引机构性能影响程度的不同,取设计变量为 R、β、λ、t,即

$$\boldsymbol{X} = [x_1, x_2, x_3, x_4]^\mathrm{T} = [R, \beta, \lambda, t]^\mathrm{T}$$

7.2.3　约束条件

(1)驱动轮齿应满足接触强度条件。

$$[\sigma_H] \geqslant \frac{49.5}{r}\sqrt{\frac{F_{Q\max}}{\psi}} \tag{7.16}$$

即

$$r \geqslant \frac{49.5}{[\sigma_H]}\sqrt{\frac{2M\sin\dfrac{\pi}{Z}\cos\beta}{\psi t\cos\left(-\dfrac{\pi}{Z}-\beta\right)}}$$

式中　$[\sigma_H]$——驱动轮齿材料的许用接触应力,若选用 40Cr,则 $[\sigma_H]=1\,440$ MPa;

ψ——齿宽系数;

Z——驱动轮齿数;

$F_{Q\max}$——驱动轮承受的最大牵引力,N。

由此得约束条件为

$$g_1(\boldsymbol{X}) = r - \frac{49.5}{[\sigma_H]}\sqrt{\frac{2M\sin\dfrac{\pi}{Z}\cos\beta}{\psi t\cos\left(-\dfrac{\pi}{Z}-\beta\right)}} \geqslant 0 \tag{7.17}$$

(2)驱动轮齿应满足弯曲强度条件。

$$[\sigma_{Fp}] \geqslant (1.75 \sim 2.75)\frac{F_{Qmax}\psi}{4r^2} \tag{7.18}$$

计算时,在 $1.75 \sim 2.75$ 之间取值为 2,即

$$r^2 \geqslant \frac{M\psi\sin\dfrac{\pi}{Z}\cos\beta}{[\sigma_{Fp}]t\cos\left(-\dfrac{\pi}{Z}-\beta\right)}$$

式中 $[\sigma_{Fp}]$——柱销材料的许用弯曲应力,若选用 40Cr,则$[\sigma_{Fp}] = 191$ MPa。

由此得约束条件为

$$g_2(\boldsymbol{X}) = r - \sqrt{\frac{M\psi\sin\dfrac{\pi}{Z}\cos\beta}{[\sigma_{Fp}]t\cos\left(-\dfrac{\pi}{Z}-\beta\right)}} \geqslant 0 \tag{7.19}$$

(3)销轨应满足弯曲强度条件。

$$[\sigma_F] \geqslant \frac{16F_{Qmax}}{bt} \tag{7.20}$$

即

$$t^2 \geqslant \frac{16M\sin\dfrac{\pi}{Z}\cos\beta}{\psi r[\sigma_F]\cos\left(-\dfrac{\pi}{Z}-\beta\right)}$$

式中 b——销齿宽,$b = 2\psi r$,mm;

$[\sigma_F]$——齿轨材料的许用弯曲应力,若选用 45 号钢,则$[\sigma_F] = 140$ MPa。

由此得约束条件为

$$g_3(\boldsymbol{X}) = t - \sqrt{\frac{16M\sin\dfrac{\pi}{Z}\cos\beta}{\psi r[\sigma_F]\cos\left(-\dfrac{\pi}{Z}-\beta\right)}} \geqslant 0 \tag{7.21}$$

(4)为限制销轮的几何尺寸,应满足

$$400 \geqslant t/\sin\frac{\pi}{Z} \tag{7.22}$$

$$50 \geqslant r$$

$$210 \geqslant t$$

$$10 \geqslant Z \geqslant 5$$

得

$$g_4(\boldsymbol{X}) = 400 - t/\sin\frac{\pi}{2} \geqslant 0 \tag{7.23}$$

$$g_5(\boldsymbol{X}) = 50 - r \geqslant 0 \tag{7.24}$$

$$g_6(\boldsymbol{X}) = 210 - t \geqslant 0 \tag{7.25}$$

$$g_7(\boldsymbol{X}) = Z - 5 \geqslant 0 \tag{7.26}$$

$$g_8(\boldsymbol{X}) = 10 - Z \geqslant 0 \tag{7.27}$$

(5)为保证销轨根部有足够的强度,则

$$14° \leqslant \beta \leqslant 24°$$

得

$$g_9(\boldsymbol{X}) = 24 - \beta \geqslant 0 \tag{7.28}$$

$$g_{10}(\boldsymbol{X}) = \beta - 14 \geqslant 0 \tag{7.29}$$

7.3　优化方法选择与实现

为了消除各个分目标函数值在量级上的差别,将 $F_1(\boldsymbol{X})$ 和 $F_2(\boldsymbol{X})$ 两个分目标函数规格化。设相应于 $F_i(\boldsymbol{X})$ 值的转换函数的自变量为

$$Y_i(\boldsymbol{X}) = 2\pi \frac{F_i(\boldsymbol{X}) - \min F_i(\boldsymbol{X})}{\max F_i(\boldsymbol{X}) - \min F_i(\boldsymbol{X})}$$

于是转换函数为

$$F_i(\boldsymbol{X}) = \frac{Y_i(\boldsymbol{X}) - \sin Y_i(\boldsymbol{X})}{2\pi} \quad (i = 1, 2)$$

故统一目标函数为

$$\min F_i(\boldsymbol{X}) = W_1 F_1(\boldsymbol{X}) + W_2 F_2(\boldsymbol{X})$$

根据数学模型的特点,可以采用遗传算法和模拟退火算法结合的方式,即综合遗传算法和模拟退火的优点,能够跳出局部最优的"陷阱",更能有效地得到全局最优解。

模拟退火算法的思想是模拟固体退火降温的过程,通过逐渐降低温度来模拟优化求解的过程。采用指数退火方法进行降温,即

$$T_i = T_{i-1} k \tag{7.30}$$

式中　T_i——第 i 次迭代的系统温度;

T_{i-1}——第 $i-1$ 次迭代的系统温度;

k——冷却因子。

在遗传操作后选出种群中前 20% 的优秀个体进行模拟退火操作,首先对这些个体进行扰动产生新个体,扰动的方式有三种,分别是交换结构、逆转结构和插入结构。每次扰动时,按照一定的概率选择这三种中的一个来进行扰动。随后采用 Metropolis 准则来判断是否用新个体取代当前个体。Metropolis 准则如下:

$$p = \begin{cases} 1 & (\cos t(d') \leqslant \cos t(d)) \\ \exp\left\{ \dfrac{-[\cos t(d') - \cos t(d)]}{T_i} \right\} & (\cos t(d') > \cos t(d)) \end{cases} \tag{7.31}$$

式中　p——新个体取代当前个体的概率;

d——当前组合参数;

d'——扰动后产生的新组合参数。

因此,当 $\cos t(d') \leqslant \cos t(d)$ 时,d' 取代 d;当 $\cos t(d') > \cos t(d)$ 时,d' 以概率 p 取代 d。这样使得算法在一定概率上接受劣质解,避免陷入局部最优。

将模拟退火与遗传算法的混合方法应用到采煤机牵引机构优化上的实现步骤如下。

(1)初始化参数，包括种群大小 N、最大迭代次数 M、交叉概率 p_{c1} 和 p_{c2}、变异概率 p_{m1} 和 p_{m2}、基因维数 m、初始温度 T_0、冷却因子 k 等。

(2)随机产生初始化种群。

(3)对个体进行选择、交叉、变异等操作。

(4)选取种群中 20% 的优秀个体进行模拟退火操作，产生新一代的种群。

(5)计算种群适应度，找出当前代中的最优个体，将其与全局最优个体比较，若当前代最优个体更好，则将全局最优个体进行替换。

(6)迭代计数加 1，判断迭代次数是否大于最大迭代次数，如果是，结束运算，否则返回步骤(3)。

现以某采煤机齿销牵引机构的参数为例进行分析。已知电机输出转矩为 1 260 N·m，机械传动系统传动比为 16.9，传动箱效率为 0.96，经过优化后求得最优解及圆整值见表 7.1，可以看出，优化后的牵引速度脉动率 ζ_v 和牵引力脉动率 ζ_F 下降百分率分别为 14.12% 和 19.02%，速度脉动和牵引力波动均得到改善。

表 7.1 优化的最优解及圆整值

项目	结构参数				指标	
	R	β	λ	t	ζ_v	ζ_F
优化值	38	19.87°	15.57°	183.62	—	—
圆整值	40	20°	16°	184	0.073	0.132
原始值	45	18°	15°	194	0.085	0.163

参 考 文 献

[1] 刘春生,任春平,李德根. 正则化方法与截割煤岩载荷谱重构[M].哈尔滨:哈尔滨工业大学出版社,2020.

[2] 刘春生,于信伟,任昌玉. 滚筒式采煤机工作机构[M].哈尔滨:哈尔滨工程大学出版社,2010.

[3] 刘春生,李德根,任春平.基于熵权的正则化神经网络煤岩截割载荷谱预测模型[J].煤炭学报,2020,45(1):474-483.

[4] 刘春生,任春平. 改进分数阶 Tikhonov 正则化的截割煤岩载荷识别方法 [J]. 煤炭学报,2019,44(1):332-339.

[5] LIU Chunsheng, REN Chunping. A novel improved maximum entropy regularization technique and application to identification of dynamic loads on the coal-rock[J]. Journal of Electrical and Computer Engineering,2019,2019:1-19.

[6] 刘春生,任春平,李德根. 修正离散正则化算法的截割煤岩载荷谱的重构与推演[J].煤炭学报,2014,39(5):981-986.

[7] LIU Chunsheng, REN Chunping. Research on coal-rock fracture image edge detection based on Tikhonov regularization and fractional order differential operator [J]. Journal of Electrical and Computer Engineering,2019,2019:1-18.

[8] 刘春生,任春平.基于离散正则化的实验载荷谱重构与推演算法[J].应用力学学报,2014,31(4):616-620.

[9] LIU Chunsheng, REN Chunping, WANG Nengjian. Load identification method based on interval analysis and Tikhonov regularization and its application [J]. Journal of Electrical and Computer Engineering,2019,2019:1-18.

[10] 刘春生,袁昊,李德根,等. 载荷谱细观特征量与截割性能评价的熵模型[J].煤炭学报,2017,42(9):2468-2474.

[11] REN Chunping, WANG Nengjian, LIU Chunsheng. Identification of random dynamic force using an improved maximum entropy regularization combined with a novel conjugate gradient [J]. Mathematical Problems in Engineering,2017,2017:1-14.

[12] REN Chunping, WANG Nengjian, LIU Qinhui, et al. Dynamic force identification problem based on a novel improved Tikhonov regularization method [J]. Mathematical Problems in Engineering,2019,2019:1-13.

[13] 任春平,刘春生.煤岩模拟材料的力学特性[J].黑龙江科技大学学报,2014,24(6):581-584.

[14] 张盼. 三类不适定问题的正则化方法和算法[D].兰州:兰州理工大学,2018.

[15] 李旭超.能量泛函正则化模型理论分析及应用[M].北京:科学出版社,2018.

[16] 刘春生,袁昊,李德根,等.小波分解重构截齿载荷谱的幅值关联性与分形特征[J].煤炭科学技术,2018,46(5):149-154,218.

[17] 刘春生,王庆华,李德根.镐型截齿截割阻力谱的分形特征与比能耗模型[J].煤炭学报,2015,40(11):2623-2628.

[18] 刘春生,韩飞,任春平,等.基于最大似然估计-Hilbert法的截齿侧向载荷特征识别[J].黑龙江科技大学学报,2015,25(3):299-303.

[19] 刘春生.采煤机截齿截割阻力曲线分形特征研究[J].煤炭学报,2004(1):115-118.

[20] 徐鹏,任春平,张丹.薄煤层采煤机牵引机构传动特性分析[J].中国新技术新产品,2022(10):46-49.

[21] 刘春生,李德根.基于单齿截割试验条件的截割阻力数学模型[J].煤炭学报,2011,36(9):1565-1569.

[22] 刘春生,任春平,王磊.等切削厚度的镐型齿旋转截割煤岩比能耗模型[J].黑龙江科技大学学报,2016,26(1):53-57.

[23] 刘春生,任春平,王庆华.截齿破碎煤岩侧向载荷分布特性研究[J].煤矿机电,2014(5):14-17.

[24] 刘春生,任春平,鲁士铂,等.截齿截割载荷谱重构的正则参数优化策略[J].黑龙江科技学院学报,2013,23(5):444-448.

[25] 刘春生,王庆华,任春平.镐型截齿载荷谱定量特征的旋转截割实验与仿真[J].黑龙江科技大学学报,2014,24(2):195-199.

[26] 林东方,朱建军,张兵,等.TSVD截断新方法及其在PolInSAR植被高反演中的应用[J].中国矿业大学学报,2017,46(6):1386-1393.

[27] 张丹,刘春生,李德根.瑞利随机分布下滚筒截割载荷重构算法与数值模拟[J].煤炭学报,2017,42(8):2164-2172.

[28] 孙月华,刘春生,曹贺,等.镐型截齿三向载荷空间坐标转换的模型与分析[J].黑龙江科技大学学报,2016,26(6):665-668.

[29] 王庆华.镐型截齿力学特性试验研究与双联镐齿截割数值模拟[D].哈尔滨:黑龙江科技大学,2015.

[30] 王能建,任春平,刘春生.一种新型分数阶 Tikhonov 正则化载荷重构技术及应用[J].振动与冲击,2019,38(6):121-126.

[31] WANG Nengjian, REN Chunping, LIU Chunsheng. A novel fractional Tikhonov regularization coupled with an improved super-memory gradient method and application to dynamic force identification problems [J]. Mathematical Problems in Engineering,2018,2018:1-16.

[32] WANG Nengjian, LIU Qinhui, REN Chunping, et al. A novel method of dynamic force identification and its application [J]. Mathematical Problems in Engineering,2019,2019:1-10.

[33] 任春平,赵中旭,马化凯.Canny算法与正则化的煤岩破碎图像边缘重构方法[J].黑

龙江科技大学学报,2021,31(1):43-47.

[34] 刘春生. 截齿链传动滚筒式采煤机截割部：CN103742133B[P].2016-04-27.

[35] 刘春生,于信伟,王桂荣. 多截齿参数可调式旋转截割煤岩实验装置：CN102967476B[P].2015-08-05.

[36] 刘春生,张艳军,宋胜伟. 一种伞齿传动倾斜煤壁侧布置的采煤机截割部：CN208816115U[P].2019-05-03.

[37] 刘春生,陈金国. 滚筒式采煤机的双联镐型截齿齿座：CN203430513U[P]. 2014-02-12.

[38] 张丹,王栋辉,郝尚清,等.无人驾驶采煤机滚筒调高模型与避障策略[J].煤矿机械,2021,42(7):53-56.

[39] 任春平,刘若涵,徐鹏.镐型截齿截割煤岩载荷的区间识别模型与解算方法[J].黑龙江科技大学学报,2020,30(6):649-653.

[40] 刘春生,刘爽,刘若涵,等.多自由度悬臂截割机构碟盘刀具的空间位姿模型[J].黑龙江科技大学学报,2022,32(5):641-648.

[41] 徐鹏,李占奎,范顺成.截齿链传动的力学特性[J].黑龙江科技大学学报,2017,27(2):128-132.

[42] 张丹,王栋辉,徐鹏,等.滚筒随机载荷下采煤机行走机构齿销啮合力研究[J].煤矿机械,2022,43(9):31-34.

[43] 张丹,张标,徐鹏,等.基于 Archard 磨损模型的采煤机行走轮磨损特性研究[J].煤炭技术,2022,41(9):211-215.